彩图 2-1　中华鳖（周婷）

彩图 2-2　山瑞鳖（周婷）

彩图 2-3　泰国鳖

彩图 2-4　珍珠鳖（周婷）

彩图 2-5　日本鳖

彩图 2-6　刺鳖（周婷）

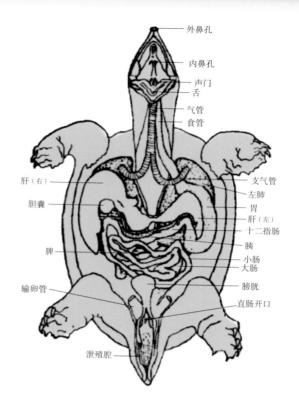

外鼻孔
内鼻孔
声门
舌
气管
食管

肝（右）
胆囊

支气管
左肺
胃
肝（左）
十二指肠
胰
小肠
大肠
脾
输卵管
膀胱
直肠开口

泄殖腔

彩图 3-1　鳖的消化系统和呼吸系统（丁汉波）

彩图 5-1　稚鳖池

彩图 5-2　幼鳖池

彩图 5-3 成鳖池

彩图 5-4 产卵场

彩图 5-5 产卵房

彩图 5-6 塑料采光大棚

彩图 5-7 封闭加温温室

彩图 5-8 燃气热水锅炉

彩图 5-9　防盗围栏

彩图 5-10　湿地净化区

彩图 5-11　生态沟渠

彩图 5-12　潜流坝

彩图 5-13　生态浮床

彩图 5-14　生态护坡

彩图 7-1　动物性饵料

彩图 7-2　植物性饲料

彩图 7-3　人工配合饲料

彩图 7-4　鱼粉

彩图 7-5　乌贼粉

彩图 7-6　动物血粉

彩图 7-7　蚕蛹粉

彩图 7-8　动物肝粉

彩图 7-9　乳粉

彩图 7-10　膨化大豆粉

彩图 7-11　花生粕

彩图 7-12　玉米蛋白粉

彩图 7-13　α-淀粉

彩图 7-14　啤酒酵母

彩图 7-15　谷朊粉

彩图 7-16　磷脂

彩图 7-17　鱼油

彩图 7-18　肉碱

彩图 7-19　大蒜素

彩图 7-20　β-胡萝卜素

彩图 7-21　粉料

彩图 7-22　螺蛳

彩图 7-23　蚯蚓

彩图 7-24　蝇蛆

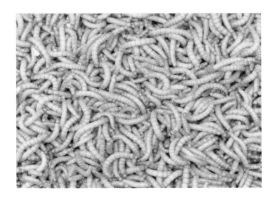

彩图 7-25 黄粉虫

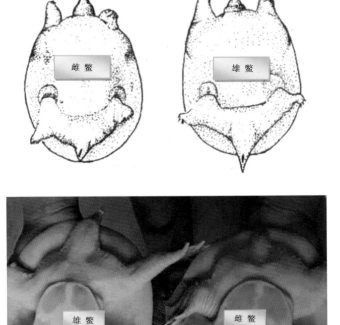

彩图 8-1 鳖雌雄区分

彩图 8-2　生石灰消毒

彩图 8-3　鳖产卵场

彩图 8-4　鳖卵收集　　　　　彩图 8-5　鳖室内控温孵化

彩图 8-6　鳖孵化箱

彩图 8-7　鳖受精卵和未受精卵

彩图 8-8　稚鳖出壳

彩图 9-1　稚鳖培育池

彩图 9-2　稚鳖放养

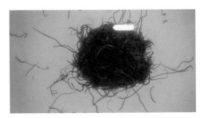

彩图 9-3　丝蚯蚓

彩图 9-4　温室保温墙

彩图 9-5　幼鳖池塘

彩图 10-1　成鳖池塘

彩图 10-2　防逃设施

彩图 10-3　食台

彩图 10-4　鳖鱼混养

彩图 10-5　鳖虾混养

彩图 10-6　控温养殖

彩图 10-7　稻田养殖

彩图 10-8　藕田养殖

彩图 10-9　茭田养殖

彩图 10-10　网箱养殖

彩图 10-11　庭院养殖

彩图 10-12　围栏养殖

彩图 10-13　大水面增养殖

彩图 11-1　镜检法

彩图 11-2　口灌法

彩图 11-3　浸浴法

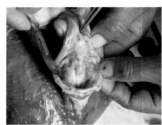

彩图 11-4　鳃腺炎

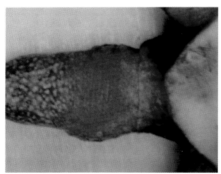

彩图 11-5　红脖子病（汪开毓）

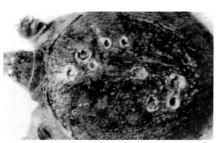

彩图 11-6　鳖疖疮病（汪开毓）

彩图 11-7　腐皮病（叶志辉）

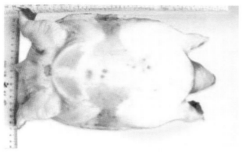

彩图 11-8　白底板病

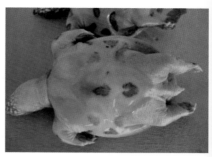

彩图 11-9　爱德华菌病

彩图 12-1　干塘集中捕捞

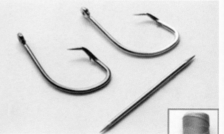

彩图 12-2　钩、针

彩图 12-3　探测耙

彩图 12-4　鳖枪

彩图 12-5 地笼

彩图 12-6 卵的运输

彩图 12-7 稚鳖的运输

彩图 13-1 冰糖鳖

彩图 13-2 生炒鳖

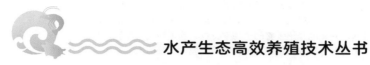

水产生态高效养殖技术丛书

生态高效

SHENGTAI GAOXIAO
YANGBIE XINJISHU

养鳖新技术

● 彭 刚 主编

化学工业出版社
·北京·

目前国内养殖户已从高密度养殖开始尝试向生态养殖、半野生、仿生态等养殖模式过渡，但大部分养殖户对生态养殖的理解不一和标准不一，造成实际操作过程中差异性大，鳖品质难以得到有效保证。本书为适应当前高效渔业发展的需要，普及中华鳖等标准化生态养殖技术，系统地介绍了鳖的生物学特性、养殖场的规划设计与建造、养殖池塘的结构与建造、鳖的营养需求、鳖饲料种类与投喂技术、鳖的人工繁殖与育种、稚鳖、幼鳖的培育、成鳖养殖、病害及其防治、鳖的捕捞与运输、鳖的营养与烹饪等技术，并列举了一些养殖模式与实例，内容贴合实际，对普及生态高效养鳖技术及推动我国鳖养殖业的可持续发展起到积极的作用。本书采用双色印刷，同时配有90幅高清彩图，图文并茂，内容翔实，科学易懂，可供水产养殖单位、养殖户和相关专业院校师生阅读。

图书在版编目（CIP）数据

生态高效养鳖新技术/彭刚主编. —北京：化学
工业出版社，2019.12（2023.4 重印）
（水产生态高效养殖技术丛书）
ISBN 978-7-122-35361-0

Ⅰ．①生⋯　Ⅱ．①彭⋯　Ⅲ．①鳖-淡水养殖　Ⅳ.
①S966.5

中国版本图书馆 CIP 数据核字（2019）第 215617 号

责任编辑：漆艳萍　　　　　　　　　装帧设计：韩　飞
责任校对：张雨彤

出版发行：化学工业出版社（北京市东城区青年湖南街13号　邮政编码100011）
印　　刷：北京云浩印刷有限责任公司
装　　订：三河市振勇印装有限公司
850mm×1168mm　1/32　印张8½　彩插8　字数203千字　2023年4月北京第1版第3次印刷

购书咨询：010-64518888　　　　　　售后服务：010-64518899
网　　址：http://www.cip.com.cn
凡购买本书，如有缺损质量问题，本社销售中心负责调换。

定　　价：49.80元

·编写人员名单·

主　编　彭　刚

参编人员　王家军　林　海

　　　　　　黄鸿兵　郑　友

　　　　　　韩　飞　王　静

　　　　　　郝　忱　赵沐子

　　　　　　殷　悦　张　燕

十九大以来，农业发展坚持稳中求进工作总基调，各级政府始终坚持把解决好"三农"问题作为全党工作重中之重，加快推进农业农村现代化，走中国特色社会主义乡村振兴道路，让农业成为有奔头的产业，让农民成为有吸引力的职业，让农村成为安居乐业的美丽家园。近年来水产养殖总体上仍存在可控性差、生产效率低、设施基础落后等一些问题，需要转方式调结构，从资源粗放利用型到资源节约、环境友好型，从单纯数量增长到数量、质量并重发展，从单一养殖到养殖、增殖、休闲、观光，从注重一产到一二三产融合发展，老百姓对于特种水产养殖品种及品质的要求也越来越高，鳖的养殖也从数量型向质量型逐步转变。

鳖肉质细嫩，味道鲜美，营养丰富，既是美食的重要食材，又是名贵的中药材和滋补品，在我国渔业发展的历史长河中占据重要位置。我国台湾从20世纪50年代开始大量养殖中华鳖，年产量达千吨，到20世纪70年代内地开始逐步发展，其养殖产业发展主要经历了三个阶段，从"捕捞型"到"养殖型"转变阶段（1970—1990年）；从"养殖型"到"数量型"转变阶段（1990—1995年）；从"数量型"到"质量型"转变阶段（1996年至今）。我国鳖类养殖产业已成为特色产业之一，1995年最高峰时价格达500～600元/千克，鳖苗38～42

元/只，曾经带动了大批养殖户致富奔小康，在经历过1996年、2000年和2004年三次大幅价格波动以来，国内鳖价趋于稳定，养殖、繁殖、苗种培育模式也日趋成熟，目前正在向规模化、专业化、品牌化的方向发展。目前国内鳖类养殖主要以中华鳖为主，浙江省养殖产量最高，将近占全国总产量的1/3，湖北、江苏、安徽、江西等省区为主要养殖区。

为了适应当前渔业高质量发展和转品种调结构的要求，推广中华鳖高效生态养殖技术，我们特地编写了《生态高效养鳖新技术》，本书系统地介绍了鳖的产业发展、生物学特性、繁殖和养殖、病害防控、捕捞运输等相关知识和技术，通俗易懂，内容丰富，科学实用，可操作性强，希望本书的出版，可以为从事养鳖事业的广大养殖户和养殖企业提供一定的借鉴，同时期望本书对我国鳖的养殖提质增效、高质量发展起到积极作用。

由于编写时间仓促，加之笔者水平有限，书中难免存在疏漏之处，恳请广大读者批评指正。

编者

2019年6月

目录

C O N T E N T S

生态高效
养鳖新技术

第一章　养殖鳖概述

第一节　国内外养殖鳖的历史与现状　/2

一、国外养殖鳖的历史与现状　/2

二、国内养殖鳖的历史　/3

三、国内养殖鳖的产业现状　/3

第二节　我国鳖主产区养殖布局及产业现状　/5

第三节　我国鳖养殖业存在的问题　/7

一、乱引种现象严重　/7

二、乱杂交引发种源污染　/8

三、乱留种导致种质退化　/9

四、流通缺乏监管　/9

第四节　我国鳖养殖业的发展趋势　/9

一、加大鳖良种培育力度，提高良种覆盖水平　/9

二、加快改造传统养殖模式，研发新技术和新模式　/10

三、大力推广生态养殖模式，实现质量效益双丰收　/10

四、建立产品可追溯制度，源头把控质量安全　/11

五、加大原产地保护力度，做好原种提纯复壮　/11

六、做好种苗区域规划布局，符合产业长远发展需求　/11

第二章　鳖的种类及分布

第一节　鳖的分类及分布　/14

第二节　鳖的主要养殖种类　/14

　　一、中华鳖　/15

　　二、山瑞鳖　/16

　　三、泰国鳖　/17

　　四、珍珠鳖（佛罗里达鳖）　/17

　　五、日本鳖　/17

　　六、刺鳖　/18

第三章　鳖的生物学特性

第一节　鳖的外部形态　/20

　　一、头部　/20

　　二、颈部　/20

　　三、躯干　/21

　　四、四肢　/21

　　五、尾部　/21

第二节　鳖的内部结构　/22

　　一、骨骼系统　/22

　　二、消化系统　/22

　　三、肌肉系统　/24

　　四、呼吸系统　/24

　　五、循环系统　/25

　　六、神经系统与感觉器官　/25

　　七、排泄系统　/25

八、生殖系统 /26

第三节 鳖的生态习性 /26

一、生活习性 /26

二、食性 /28

三、生长习性 /29

四、繁殖习性 /30

第四章 养殖场的规划设计与建造

第一节 养殖场址的选择 /33

一、环境条件 /33

二、水源水质 /33

三、土壤土质 /34

四、饵料要求 /34

五、地形地貌 /35

第二节 养殖场的规划布局 /35

一、合理布局 /36

二、利用地形结构 /37

三、就地取材 /38

第五章 养殖池塘的结构与建造

第一节 稚鳖池的设计与建造 /40

第二节 幼鳖池的设计与建造 /40

第三节 成鳖池的设计与建造 /41

第四节 亲鳖池的设计与建造 /42

一、产卵场 /42

二、产卵房 /42

第五节 养殖温室的结构与建造 /43

一、塑料采光大棚 /43

二、封闭加温温室 /46

第六节 养殖场的防盗及水处理 /50

一、养殖场的防盗 /50

二、养殖场的水处理设施 /50

三、水源水处理 /51

四、养殖尾水处理 /54

第六章　鳖的营养需求

第一节 鳖对蛋白质的营养需求 /64

一、什么是蛋白质 /64

二、蛋白质的作用与需求 /65

三、不同养殖模式下鳖对蛋白质的需求 /66

四、鳖体内氨基酸的组成 /67

第二节 鳖对碳水化合物的营养需求 /68

一、什么是碳水化合物 /68

二、鳖对碳水化合物利用的特点 /69

三、鳖对碳水化合物的需求 /69

第三节 鳖对脂肪的营养需求 /70

一、什么是脂肪 /70

二、鳖对脂肪利用的特点 /71

三、鳖体内脂肪酸的组成 /72

四、鳖对脂肪酸的需求 /72

第四节 鳖对维生素的营养需求 /73

一、什么是维生素 /73

二、维生素的作用 /74

三、鳖体内维生素的组成 /75

四、鳖对维生素的需求 /76

第五节 鳖对矿物质的营养需求 /78

一、什么是矿物质 /78

二、鳖体内矿物质的组成 /78

三、鳖对矿物质的需求 /79

第七章 鳖饲料种类及投喂技术

第一节 鳖饵料的种类 /82

一、动物性饵料 /82

二、植物性饵料 /83

三、人工配合饲料 /83

第二节 鳖配合饲料的成分与配制 /85

一、配合饲料的主要原料 /86

二、鳖配合饲料的配方 /94

三、饲料配制要求 /96

四、饲料的制作与配制方法 /97

第三节 活饵料的培养与获取 /98

一、水蚤 /99

二、螺蛳 /100

三、蚯蚓 /100

四、蝇蛆 /101

五、黄粉虫 /104

六、饵料鱼虾 /105

七、昆虫　/105

八、果蔬　/106

第四节　鳖饵料投喂方法　/106

一、投饲量　/106

二、投饲次数　/107

第八章　鳖的人工繁殖与育种

第一节　雌雄鳖的区分　/110

第二节　鳖的性腺发育　/111

一、卵细胞的生长发育　/111

二、精细胞的生长发育　/113

三、鳖性腺的周期变化　/114

第三节　亲鳖的选择　/115

一、亲鳖的来源　/115

二、亲鳖选择的时间　/115

三、亲鳖的年龄　/116

四、亲鳖的体重　/116

五、亲鳖的体质　/116

六、雌雄配比　/117

第四节　亲鳖的培育　/117

一、亲鳖放养前的准备　/117

二、亲鳖的放养要求　/119

三、亲鳖的饲养管理　/120

第五节　交配时间和交配行为　/122

一、交配时间　/122

二、交配行为　/122

第六节　鳖卵的收集　/123

一、产卵场的准备　/123

二、产卵行为　/123

三、鳖卵的收集　/124

第七节　鳖卵的孵化　/125

一、影响孵化的因素　/125

二、人工孵化　/126

三、孵化注意事项　/128

四、鳖卵的发育过程　/129

五、人工诱发稚鳖出壳　/130

六、稚鳖的收集和暂养　/130

第八节　鳖的育种技术　/132

一、鳖的品种　/132

二、引种驯化　/132

三、选择育种　/133

四、杂交育种　/134

五、转基因育种　/136

第九章　稚鳖、幼鳖的培育

第一节　稚鳖室外培育技术　/138

一、培育池要求　/138

二、放养前的准备　/139

三、稚鳖的放养　/140

四、饲养管理　/141

五、水质调控　/142

六、科学防病　/143

七、日常管理　/143

八、越冬管理　/143

第二节　稚鳖的温室培育技术　/144

一、温室的要求　/145

二、鳖池的要求　/145

三、放养前的准备　/146

四、稚鳖放养　/146

五、投喂管理　/147

六、水质管理　/149

七、日常管理　/150

八、病害防治　/151

第三节　幼鳖的培育　/152

一、放养前的准备　/152

二、放养要求　/153

三、放养密度　/153

四、饵料的投喂　/154

五、水质管理　/155

六、日常管理　/155

七、病害防治　/156

第十章　成鳖养殖

第一节　池塘主养　/158

一、养殖条件　/158

二、养殖前的准备　/159

三、幼鳖放养　/160

四、养殖管理　/161

第二节　鳖鱼混养　/162

一、鳖鱼混养的优点　/162

二、哪些鱼类可以鳖鱼混养　/163

三、鳖鱼混养池塘准备　/163

四、控制合理的放养密度　/163

五、日常管理注意要点　/164

第三节　鳖虾混养　/164

一、鳖虾混养的优点　/164

二、池塘要求　/165

三、放养模式　/165

四、养殖管理注意事项　/166

第四节　控温养殖　/166

一、养殖设施建设　/167

二、温室的要求　/168

三、气温和水温的控制　/169

四、控温养殖注意事项　/170

第五节　稻田养殖　/173

一、稻田养殖概况　/173

二、稻田养殖的意义　/174

三、稻田选择与田间工程建设　/175

四、放养管理　/176

五、放种前后注意事项　/176

六、饵料投喂　/177

七、日常管理　/177

八、水稻栽培与田间管理　/178

第六节　藕田养殖　/178

一、藕田养鳖的优点　/178

二、养殖模式 /179

三、田块准备 /179

四、莲藕种植 /180

五、鳖养殖 /181

六、病虫害防治 /181

第七节 茭田养殖 /182

一、茭白的生长特性 /183

二、茭田改造 /183

三、放养管理 /184

四、秋茭栽培要点 /184

五、夏茭栽培要点 /185

六、养殖过程管理 /185

七、捕捞收获 /186

第八节 网箱养殖 /186

一、网箱养殖优缺点 /187

二、养殖环境 /188

三、网箱制作与设置 /188

四、放养管理 /189

五、饲养管理 /189

六、日常管理 /189

七、及时捕捉 /190

第九节 庭院养殖 /190

一、庭院养鳖的优点 /190

二、庭院养鳖池塘准备 /191

三、庭院养鳖放养管理 /192

四、庭院养鳖投饲管理 /192

五、庭院养鳖日常管理 /193

六、庭院养鳖病害防治   /193

七、庭院养鳖起捕运输   /193

第十节   围栏养殖   /194

一、养殖地址的选择   /194

二、围栏设施的设置   /195

三、成鳖饲养管理技术要点   /196

四、成鳖的捕捞   /198

第十一节   大水面增养殖   /199

一、人工增殖   /199

二、人工半精养   /200

第十一章   中华鳖病害及其防治

第一节   中华鳖病害发生的原因   /204

一、环境因素   /204

二、机体因素   /207

三、病原体因素   /207

第二节   鳖病的特点与检查   /210

一、发病特点   /210

二、检查方式   /211

第三节   鳖病的治疗方式   /212

一、注射法   /212

二、口灌法   /212

三、口服法   /213

四、涂抹法   /213

五、浸浴法   /214

六、挂篓（袋）法   /215

第四节　常见的鳖病及其防治　/216

一、鳃腺炎　/216

二、红脖子病　/217

三、鳖疖疮病　/219

四、腐皮病　/220

五、白底板病　/221

六、爱德华菌病　/223

七、白毛病　/223

八、鳖的血簇虫病　/224

九、钟形虫病　/224

十、脂肪代谢障碍病　/225

十一、营养性肝病　/225

十二、水质不良引起的疾病　/226

第十二章　中华鳖的捕捞与运输

第一节　中华鳖的捕捞　/228

一、干塘集中捕捞　/228

二、滚钩　/228

三、钩钓或卡钓　/229

四、针钩　/229

五、下笼（或下篮）　/230

六、探测耙　/230

七、鳖枪　/230

八、地笼　/231

九、灯光照捕　/231

十、摸鳖　/231

十一、网捕 /232

第二节　中华鳖的运输 /232

一、鳖卵的运输 /233

二、稚幼鳖的运输方法 /233

三、亲鳖的运输方法 /234

四、成鳖的运输方法 /235

五、运输中的注意事项 /236

第十三章　鳖的营养与烹饪

第一节　鳖的营养价值 /239

第二节　鳖的药用价值 /241

第三节　鳖的烹饪方法 /243

一、选购鳖的方法 /243

二、烹饪方法 /244

第四节　食用禁忌 /250

参考文献　/251

第一章

养殖鳖概述

- 第一节　国内外养殖鳖的历史与现状
- 第二节　我国鳖主产区养殖布局及产业现状
- 第三节　我国鳖养殖业存在的问题
- 第四节　我国鳖养殖业的发展趋势

国内外养殖鳖的历史与现状

一、国外养殖鳖的历史与现状

鳖的人工养殖技术兴于日本，主要分布在日本的关东以南福冈、佐贺、大分等地。早在19世纪中期开始，日本就开始中华鳖的人工养殖，并对其生物学特性和饲养模式与方法进行了试验研究，经过100多年的发展，鳖养殖在日本已经具备一定的规模。20世纪初日本曾因引进携带病害的朝鲜鳖使得日本鳖养殖业遭受巨大损失。一直到20世纪70年代前，日本的鳖养殖业一直采用自然常温养殖法，该方法养殖产量低，养殖成活率不高，特别是生长缓慢使得养殖周期太长，导致鳖养殖业发展缓慢。直到20世纪70年代后，川崎义一等人采用冬季控温养殖鳖，改变了鳖的自然生长规律。随后锅炉、温泉、工厂余热等加温养殖模式不断完善，彻底打破了鳖漫长的冬季休眠期，延长了鳖年度生长时间，提高了鳖的生长速度，将原本需要4年左右常温养殖才能达到上市规格的饲养时间缩短到12～15个月，较自然环境生长速度提高4倍左右，养殖效率大幅提高。同时日本还将封闭式循环净化系统、人工安全饲料应用于鳖养殖业，使得养殖全程可控，产品安全可靠，所以日本的鳖养殖业是当今世界上最为先进的。同时日本在鳖的基础生物学及品质选育等方面开展了大量的工作，在20世纪60年代初，日本从我国引进太湖纯种中华鳖，经过多代的人工选育，培育出具有特定优势性状的日本品系中华鳖，该鳖具有摄食强度大、抗病能力强、生长速度快、商品规格大等优势，且遗传性状稳定，可实现自繁自育，特别是裙边与背甲长的比例在35%左右，较普通中华鳖的25%左右提高了较大幅度。同时日本品系中华鳖消化道中肠道的长、宽、厚都较普通中华鳖有所提高。

其他国家（如泰国）鳖养殖业近年来发展较快，马来西亚和新加坡等东南亚国家也有一定的养殖规模。美国等西方国家在20世纪60年代开始对佛罗里达鳖基础生物学、分子遗传学等开展大量研究，主要偏重于濒危野生鳖的驯化、繁殖与保护的研究工作。

二、国内养殖鳖的历史

据史料记载，国内最早开始鳖养殖可以追溯到公元前460年，范蠡《养鱼经》中记载"至四月内一神守，六月内二神守，八月内三神守。神守者，鳖也。所以内鳖者，鱼满三百六十，则蛟龙为之长，而将鱼飞去，内鳖则鱼不复去。"，即为我国最早鱼鳖混养的原型。据《清平县志》记载，战国时期，赵国开创者、晋国卿大夫赵简子在聊城马家湖人工养鳖。根据考古发掘，秦朝末年南越国的南越宫苑曲流石渠遗迹中发现一条100多米的弯形养鳖池，并出土南越时期大鳖残骸一只。

三、国内养殖鳖的产业现状

一直到20世纪70年代，我国消费市场的鳖主要依靠捕捞野生的天然鳖，整个鳖产业是"捕捞消费型"产业。到了20世纪70年代中后期，湖南师范大学生物系和汉寿县特种水产研究所、辽宁师范学院等单位对鳖的生物学特性、人工繁殖、养殖模式等进行了大量的研究和试验，取得了大量的试验数据和研究成果，为我国鳖养殖业的起步奠定了坚实的基础。

20世纪70年代至80年代初期，由于改革开放的浪潮刺激，人们生活水平不断提高，鳖的消费市场得到极大拓展，为鳖的人工养殖提供了良好的发展机遇。老百姓由吃饱向吃好的消费模式转变，鳖的需求量逐年增大，由于利益的驱动，鳖由原来的随捕随卖转变为商贩大量收购囤养暂养，利用时间差及地区差，赚取高额利润。此阶段初期在湖南、湖北等地有少量小规模的养殖场，仍以池塘常温养殖为主，养殖规模较小。中后期在湖南、江西、湖北、江苏等地逐步出现以季节性暂养为主的养殖场，将野外捕捞的鳖饲养于池塘中，经过一段时间的暂养，在冬季特别是春节前后价格高时出售，往往利润可观。

20世纪80年代中期，随着改革开放的加速和对外交流的频繁，在日本控温养鳖技术的启发下，1987年湖南省水产科学研究所在慈利县开展了"利用地热养鳖技术"的研究，达到了养殖13个月鳖体重300克左右的成效。1988年杭州市水产科学研究所采用全封闭式温室，利用锅炉供暖恒定温度，养殖14个月平均鳖体重达400克左右。我国水产科研人员攻克了鳖控温养殖技术，将养殖环境温度控制在28～32℃，每天投喂1～3次，由于控温养殖避免了鳖的冬眠习性，使得鳖生长速度加快，饲养周期缩短，形成四季都能生长的模式。经过4～6个月的养殖后，稚鳖能长成250～400克的商品鳖，其经济效益十分显著，引起了许多养殖户和投资商的广泛关注，在浙江、江苏、湖南等地掀起了一股鳖人工控温养殖的热潮，南方以塑料大棚温室养殖为主。

到了20世纪90年代初期，鳖养殖产业发展迅猛，养殖规模迅速扩大，养殖总产量成倍增长，稚鳖和商品鳖的价格急剧上升。其主要原因有三：一是老百姓生活水平的提高，开始关注自身健康和养生保健；二是1993年马家军的田坛神话使得"中华鳖精"市场热销；三是鳖温室养殖自身高额利润吸引众多投资者。最高时，每只稚鳖的售价高达35～42元，商品鳖每500克售价高达400元左右。此时期我国鳖养殖业快速发展，一举成为世界第一养鳖大国。

但到了1996年下半年，全国养鳖热潮后的危机开始显现，由于工厂化养殖过热形成的产量较大，供大于求，加之"倒种""炒种"现象，泰国和我国台湾养殖鳖的冲击等多重因素的影响，鳖的市场价格开始出现拐点，1996年商品鳖价格由每500

克300元暴跌到每500克100元左右，稚鳖价格降到每只5元左右，随后鳖行情一路走低，一批技术不成熟、经营管理不完善的鳖养殖企业被市场无情淘汰，鳖养殖业进入一个相对低谷期。同时由于盲目上马的鳖养殖场在设备配置、环境调控、饲料配方、饲料添加剂方面的不规范，加之媒体对温室养鳖不当使用添加剂及激素等报道，导致消费者对鳖养殖环境及营养价值提出质疑，鳖消费市场受到重挫，鳖养殖业受到很大冲击。鳖养殖业在经历了1996年、2000年、2004年和2008年几次较大幅度的价格下跌浪潮冲击后，通过不断的优胜劣汰和经营改良，目前鳖养殖产业愈发稳健成熟，从快速盲目发展转向理性健康发展，鳖价格也逐步回升，鳖依然是水产养殖业中极具竞争优势和比较优势的特色品种。

第二节

我国鳖主产区养殖布局及产业现状

我国的鳖养殖业通过近几十年的技术攻关，取得了突飞猛进的发展，全国大部分省市都建有鳖养殖场，特别是工厂化养殖场不断出现，主要利用工厂余热、温泉水、地热资源、锅炉加热等加温方式开展工厂化养殖，最高养殖产量可以达到2千克/米^2。特别是近几年来科学技术在鳖养殖业中的应用，加上国家相关主管部门对水产养殖禁用药物管控力度的不断加大，经过多年的实践摸索、实验研究，目前通过水质调控技术、科学管理等的完善，可以有效预防鳖病害的暴发，也使得鳖养殖全程不使用抗生素等禁用药物。2018年，我国鳖养殖产量约31.90万吨，其中浙江10.14万吨，湖北4.55万吨，安徽3.32万吨，江西2.88万吨，湖南2.39万吨，江苏2.26万吨，广东和广西都在

1.8万吨左右，福建、山东、河南产量在0.5万～0.8万吨，河北、四川0.2万余吨，其他省份产量较小。

浙江是全国龟鳖养殖大省，其中鳖总产量10.14万吨以上，占全国总产量的31.79%，通过多年的发展，浙江鳖养殖呈现以下特点，首先是养殖品种的不断更新，从湖南的中华鳖到我国台湾、泰国苗，再到日本苗。特别是日本苗在浙江养殖呈现出良好的应用效果。其次是模式的创新，由原来的单一温室转变为全程温室、初期温室加后期外塘和全程池塘多种模式并重的特点。

广东鳖养殖起步较早，发展积淀深厚，其特色鲜明。如顺德地区的养殖户根据地域特点、气候特征、自然条件等，创造了独特的泥底大水泥池养殖模式，并根据不同生长阶段和营养需求配制适口饵料，目前顺德每年可生产优质商品鳖1万吨左右，同时每年为全国鳖养殖企业提供大量优质种苗，12月到翌年3月期间，来自湖南、湖北、广西等地的中华鳖养殖户集中于此，选购大规格雄性中华鳖种苗。

河南鳖养殖模式主要是温室加外塘的分段式养殖，稚鳖在温室养殖，第二年分塘，投放到池塘养殖，一般年底可达预定规格上市销售。因其生长速度快，损耗小，其养殖效益十分不错。

广西鳖养殖产量在1.86吨左右，近年来，广西的黄沙鳖养殖取得良好进展，他们利用山水优势依山建设的养殖场，采用天山山泉水作为优质水源，投喂新鲜的鱼虾和福寿螺等饵料，实施自然越冬的仿生态养殖模式，其养殖的成鳖品质纯正、生态优质、口感优良，深得消费者喜爱。

江西的鄱阳湖附近以及上饶、南昌一直都是鳖苗的主产区，早期都是通过采捕自然水域天然野生鳖作为亲本，但是由于高额利润加上供不应求，大量长江、珠江流域及我国台湾、泰国、印度尼西亚等地的鳖苗云集于此，产量逐年大增，但苗种品质却逐年下降，苗种价格也不断降低，市场信誉受损，其效益下降。目前许多养殖户正在开展养殖产业结构和产业布局调整，加快亲本更新和技术更新。

湖南是我国鳖养殖主产区，其中常德也是中华鳖原良种培育、苗种繁育和商品鳖养殖集中区，其优质鳖产业规模不断壮大。其他如湖北、江苏、安徽的鳖养殖发展也较快，而且在发展的同时，工厂化育苗得到大范围推广，投喂软饲料能够降低饲料浪费，降低饲料成本，目前主要开展全程外塘养殖或温室加外塘的养殖模式，其技术创新和技术突破不断加强。

第三节
我国鳖养殖业存在的问题

虽然我国近年来从上到下对鳖苗种生产的重视已达到前所未有的程度，种质资源和苗种产量也有了很大的发展，到目前为止市场价格也日趋稳定，但也存在以下问题。

一、乱引种现象严重

我国中华鳖地域品系是在不同地理环境下长期形成的地理种群，这些种群在当地的气候环境条件下形成其独特的生长和繁殖性能，一旦离开本土环境和条件，不但无优势可言也很难与引入地的土著品种竞争。实践证明，黄河品系在引入浙江后在外塘养殖过程中抗病性能就明显差于当地的纯太湖品系，在工厂化养殖中也无任何生长优势，而黄河品系在黄河流域外塘养殖的成活率远高于在浙江养殖的。西南品系（黄沙鳖）到目前为止，在华东地区如果从苗种开始直接在野外养成商品，4年的养殖总成活率只有20%，只有通过工厂化控温养殖到400克以上再放到野外养殖，成活率可提高到70%，总之，这个品系在高纬度地区有越冬难的问题，因此不根据自身条件和市场情况乱引种往往事与愿违。

日本鳖是我国20世纪90年代中期引进的优良鳖品种，由于日本鳖对养殖生态的要求比较高，所以刚引进时按我国当时的养殖模式几乎都失败了，后来经过10年的驯养，越冬和繁殖逐步适应并显现出很高的养殖优势，但也因引种的不规范和忽视不断选优，目前较纯的亲本已经极少。

二、乱杂交引发种源污染

人工杂交是人类有目的地创造生物变异的重要方法，也就是使杂交亲本的遗传基础通过重组、分离和后代选择，育成有利基因更加集中的新品种，这种有性杂交结合系统选育的育种方法叫杂交育种。所以人工杂交的目的有两个，一是育成有利基因更加集中的新品种，二是形成具有性能优势的杂交一代（F1）用于生产。其中前者是个长期的过程，一旦育成可作为新品种长期应用。后者是有优势性能的不同纯品种杂交后直接用于生产以提高生产力，但因其后代会产生优势分离，所以在应用于生产时只能用杂交一代（即F1）。在杂交活动中，利用优势性能用于生产是积极的一面，但目前许多地方却忽视了杂交在管理缺失的情况下产生的负面结果，即杂交种源污染。鳖与其他生物还有一定的区别，如植物、家畜等，鳖目前的流动性很大，在不规范的操作下不易觉察、控制，它可以借助水流、养殖运输中逃逸等从一个水域进入另一个水域，且比较隐蔽，所以极易造成杂交污染。如20世纪90年代初湖南鳖苗地域品系特征很强，80%以上的鳖苗腹部是橘黄色无花斑的，养大后也无花斑，肉质鲜美。而现在的鳖苗不但腹部有花斑，体背也有了少许花斑，几乎与太湖鳖无多大区别。特别是许多地方在不规范的情况下大搞杂交，并把杂交一代作为亲本进行再繁殖用作生产，值得商榷，特别这几年各地几乎掀起了一股杂交热，如日本鳖与泰国鳖、日本鳖与中华鳖，这些杂交品种除了在生长上有些优势外，无论从形态还是从生化品质方面都很难与纯种相比，同样，这些杂交后代养成后许多地方也作为优良品种留作亲本使用，其后果也是可想而知的。

三、乱留种导致种质退化

由于我国的鳖苗至今还不能完全满足养殖的需求，所以各地养殖企业和稍有规模的个体养殖户掀起一股自己留种繁育种苗的热潮。然而作为繁殖用的亲本是有一定标准的，如种质纯度的要求、个体形态的要求、选择标准的要求、体重年龄的要求、选择强度的要求和定向选优的要求等。然而调查发现，大多数养殖企业不注重这些要求，只要个头大、无病无伤的就直接在商品中留亲鳖培育繁殖，这样做的结果是一代不如一代的种质退化。

四、流通缺乏监管

由于难度大，又无专门的机构管理，我国鳖种质种苗的流通管理几乎是个空白。虽然各省有些交通部门对过境的动物有病害病原的检测检验要求，但对种质的要求并不严格。这样也势必造成不良鳖种的流通和种质污染的严重后果。

第四节

我国鳖养殖业的发展趋势

一、加大鳖良种培育力度，提高良种覆盖水平

种苗是水产业健康发展的基础，一般良种应用增产15%以上。推广良种、提高良种覆盖率是鳖养殖业健康发展的重要途径。目前全国鳖的苗种需求8亿～10亿只，因生产能力不足，需要从国外等地大量进口，但是由于产地种质退化，品质不纯，

导致一些疫病传播甚至暴发流行性疾病。鳖的良种选育是一项既艰苦又费时的基础工程，特别是选育工作还要有资深的工程技术人员，所以一般企业很难承担，而一些研究院校因出成绩慢，又要投入大量资金，故也不敢问鼎这项工作，所以鳖优良品种的选育在国内从业人员很少。虽然这几年我国加大在鳖新品种的培育和引进上的投入力度，如引进了中华鳖日本品系，培育出清溪乌鳖等优良品种，但市场供应量远远不够。为保障鳖养殖产业的健康有序发展，必须扭转鳖良种生产能力不足、良种覆盖率低的局面，加大鳖良种新品种的创新选育力度。

二、加快改造传统养殖模式，研发新技术和新模式

温室工厂化养殖曾是我国鳖养殖的主要模式，其产量占全部总产量的70%以上，该模式具有周期短、见效快、产量高等特点，深受养殖户的推崇。但传统养殖模式能耗高、污染严重，其质量安全存在重大隐患，开展产业升级刻不容缓。温室鳖养殖应开发和推广环保节能的新型工厂化智能温室养殖模式，大力发展太阳能、地热能、生物质能的开发利用，加快养殖尾水净化处理系统的集成研发，通过物理和生物等多重手段，使得养殖尾水能达标排放或循环利用。

三、大力推广生态养殖模式，实现质量效益双丰收

随着人们物质生活水平的不断提高，对于鳖的产品质量和品牌意识不断增强，绿色食品、有机食品的概念逐渐深入人心，人们从量的消费逐步转变为对质的消费，因此生态高品质鳖越来越受到广大消费者的欢迎。因此，应在全国鳖主养区推广包括混养、套养、稻鳖共作、仿生态养殖，全面提升鳖的品质。同时不断优化养殖模式及养殖环境，建立人工湿地、生物净化池等，采用生物物理手段对养殖尾水净化循环利用，减少外界自然环境波动对养殖的影响，实现高产、优质、高效、节水的生态养殖新模式。

四、建立产品可追溯制度，源头把控质量安全

建立良好的生产标准和质量管理标准，从根本上解决鳖人工养殖投入品质量安全问题，提高商品鳖的品质，加强市场竞争力。建立鳖质量认证体系和质量安全可追溯系统，实施无公害认证、绿色食品认证等多重质量认证，形成品牌优势，不断提高鳖的品质和美誉度。对已有的鳖良种基地进行有效的动态管理很有必要，管理可以由省级主管部门进行，主要管理品种品质和产品流向，并进行有效的检测检验，特别是对引进品种的管理更应加强，具体管理办法可组织有关专家根据国家有关法规结合各地的具体情况合理制订。这样可做到心中有数，良性指导，协调发展。如浙江省在管理方面实行了动态监督检查，对不合格的先提出整改，再不合格的采取取消资格、摘掉牌子的管理措施，效果很好。

五、加大原产地保护力度，做好原种提纯复壮

由于鳖有着地域特性优势，所以进行原产地种群保护已为当务之急。保护不单纯是圈地保护，而应实实在在地在种质提纯上下功夫。如黄河品系在宁夏和河南区域的种质就较其他地域的要纯些，这也许与本地域流通状况有关。再如西南品系（黄沙鳖）不但具有一定的生长优势，形态在1000克以上时宽厚的裙边也较其他地域的品系突出，缺点是背部肋板暴露明显影响了一些地方的销售外观。而太湖品系的抗逆性是提高养殖成活率的关键，特别是其腹背的脸谱式花斑是其种群的特别优势，故花鳖就深受浙江本地消费者的青睐。所以在保护的同时提纯与选优，优势将会更加明显。

六、做好种苗区域规划布局，符合产业长远发展需求

产业发展与地域经济发展密切相关，同样鳖这种高档消费品的产业发展也主要在经济发达地区，如目前我国鳖的主产销

区主要在华东、华南和华中地区，所以种苗需求主要也在这几个地区。目前国家和当地政府在这些地区建设有相当规模的鳖原良种场，但和目前的发展规模和市场需求相比仍需进一步加强，特别是一些地方还有乱建和滥建的现象，而有些地方则因当地其他建设的需要也有拆迁减少的。所以做好我国鳖产销发展趋势的研究后，结合国家经济发展规划进行鳖种苗基地长远的区域规划十分重要。

第二章
鳖的种类及分布

- 第一节　鳖的分类及分布
- 第二节　鳖的主要养殖种类

鳖的分类及分布

鳖隶属于脊椎动物门、脊索动物亚门的爬行纲、龟鳖目、鳖科。鳖科有7属24种，中国自然分布有3属5个种，为鼋属、中国古鳖属（纯化石种）和鳖属。鳖属种类广泛，分布于亚洲、非洲、北美洲等地，共有16种，中国有3种，为中华鳖、山瑞鳖和斑鳖，其中中华鳖分布最广，我国除新疆、宁夏、西藏、青海未见分布外，其他各省均有分布。山瑞鳖主要分布于我国的广西、广东及海南等地。斑鳖原产于太湖流域，被认为是地球上最濒危的动物。然而，很长时间以来，斑鳖一直被误认为鼋，直到20世纪90年代才被确认为独立物种，在此之前，许多被误认为其他物种的斑鳖已经死去。斑鳖是国家一级保护动物，数量稀少，极其珍贵，是比中华鲟更濒危的"水中大熊猫"。最为遗憾的是，苏州上方山森林动物世界的雌性斑鳖，于2019年4月13日下午，因人工授精发生意外，不幸死亡，这是国内已知唯一的雌性个体。

鳖的主要养殖种类

目前除了我国大陆的本地品种作为主要养殖品种外，还有从国外引进的日本鳖、泰国鳖及我国台湾的台湾鳖，现将这些品系的种质优势作简单介绍。

一、中华鳖

中华鳖体扁平，长圆形（彩图2-1）。中华鳖是我国的土著品种，其营养丰富，肉质鲜美，可用各种烹饪方法。因我国地域辽阔，南北生态气候差距较大，所以各地的种质和体色略有差异。

1. 北方品系（北鳖）

主要分布在河北以北地区，体形和特征与普通中华鳖一样，但较抗寒，通过越冬试验，在10℃至-5℃的气温中水下越冬，成活率较其他地区的高35%。是一个很适合在北方和西北地区养殖的优良品系。

2. 黄河品系（黄河鳖）

主要分布在黄河流域的甘肃、宁夏、河南、山东境内，其中以河南、宁夏和山东黄河口的鳖为最佳。由于特殊的自然环境和气候条件，使黄河鳖具有体大裙宽，体色微黄的特征，很受市场欢迎，生长速度与太湖鳖差不多。

3. 洞庭湖品系（湖南鳖）

主要分布在湖南、湖北和四川部分地区，其体形与江南花鳖基本相同，但腹部无花斑，特别是在鳖苗阶段其腹部体色呈橘黄色，它也是我国较有价值的地域中华鳖品系，生长速度和抗病性与太湖鳖差不多。

4. 鄱阳湖品系（江西鳖）

主要分布在湖北东部、江西及福建北部地区，成体形态与太湖鳖差不多，但出壳稚鳖腹部橘红色无花斑，生长速度与太湖鳖差不多。

5. 太湖品系（1995年取名江南花鳖）

主要分布在太湖流域的浙江、江苏、安徽、上海一带。除了具有中华鳖的基本特征外，主要是背上有10个以上的花点，腹部有块状花斑，形似戏曲脸谱。江南花鳖是一个有待选育的地域品系。它在江、浙、沪地区深受消费者喜爱，售价也比其他鳖高，特点是抗病力强，肉质鲜美。

6. 西南品系（黄沙鳖）

是我国广西的一个地方品系，体长圆、腹部无花斑、体色较黄，大鳖体背可见背甲肋板。其食性杂、生长快，但因长大后体背可见背甲肋板，在有些地区会影响销售形象。在工厂化养殖环境中鳖的体表呈褐色，有几个同心纹状的花斑，腹部有与太湖鳖一样的花斑。生长速度在工厂化环境中比一般中华鳖品系快。

7. 台湾品系（台湾鳖）

台湾品系主产于我国台湾南部和中部，体表与形态与太湖鳖差不多，但养成后体高比例大于太湖品系。台湾品系是我国目前工厂化养殖较多的中华鳖地域品系，因其性成熟较国内其他品系早，所以很适合工厂化养殖小规格商品上市（400克左右），但不适合野外池塘多年养殖。

二、山瑞鳖

主要分布在我国广西、云南。个大，体厚，头部疣粒多（彩图2-2）。在温度适宜的区域生长快，但繁殖力很低。是国家二级保护动物。目前，广西和广东发展了人工养殖，种群数量也开始逐年增多，市场上也开始有销售。山瑞鳖肉质鲜美，营养丰富。

三、泰国鳖

体形长圆，肥厚而隆起，背部暗灰色，光滑，腹部乳白色，微红，颈部光滑无瘰疣，背腹甲最前端的腹甲板有绞链，向上时背腹甲完全合拢，后肢内侧有两块半月形活动软骨，裙边较小，行动迟缓，不咬人，其中500克以上的成鳖背中间有条凹沟（彩图2-3）。其外部体色近于中华鳖，只是其腹部花色呈点状，不是块状。这种鳖背略凹，腹部有点状花斑，裙边较窄，生长快，喜高温，但肉质差，且早熟，一般400克就开始产卵，所以它最适合在温室内控温直接养成成鳖上市，不适合在温差较大的野外多年养殖。大多为温室养殖，所以商品体色较深，温室泰国鳖价格相对也较低，一般家庭婚宴和宾馆会宴用量较大。

四、珍珠鳖（佛罗里达鳖）

珍珠鳖属鳖科鳖亚科软鳖属，又称佛罗里达鳖、美国山瑞鳖（彩图2-4）。分布于美国，主产区主要在佛罗里达州，1996年我国开始引进养殖。佛罗里达鳖体色艳美、个体较大、生长迅速，体长圆，裙边宽厚，个体大，生长快。珍珠鳖肉质与中华鳖比较要差些，肉质清蒸时不如中华鳖鲜美，制作时大多以红烧为主。

五、日本鳖

日本鳖主要分布在日本关东以南的佐贺、大分和福冈等地，也有传说目前我国引进的日本鳖原本是我国太湖鳖流域的中华鳖经日本引入后选育而成，故也有叫日本中华鳖的，后被我国农业农村部定为中华鳖（日本品系）。雄性长圆，雌性圆而略长，裙边宽厚，体背有芝麻粒大小的白点（彩图2-5）。肉质鲜美，营养丰富，是出口日本的主要鳖品种，国内也很受消费者青睐，市场价格高于其他品种。

六、刺鳖

又称角鳖，主要分布于加拿大最南部至墨西哥北部之间。体形较大，体长可达45厘米。吻长，形成吻突。背甲椭圆形，背部前缘有刺状小疣，故叫刺鳖（彩图2-6）。21世纪初引入我国，是大型品种，所以消费对象也主要是宾馆和饭店，因市场局限不应盲目发展。

第三章

鳖的生物学特性

- 第一节　鳖的外部形态
- 第二节　鳖的内部结构
- 第三节　鳖的生态习性

第一节

鳖的外部形态

鳖外形似龟，呈椭圆形，比龟更扁平，从外形颜色观察，鳖通常背际和四肢呈暗绿色，有的背面浅褐色、灰黑色或黄褐色，主要因生活环境的不同而不同，腹面白里透红。鳖体表覆盖柔软的革质皮肤，背腹部有骨质硬甲，体背部分布有不明显的疣状小粒，以裙边尤为突出。整个身体可分为头部、颈部、躯干、四肢和尾部五个部分。

一、头部

头部粗大，前端稍扁，背面略呈三角形，吻尖而突出，鼻孔位于吻部最前端，是呼吸及嗅觉器官，鳖在水中或泥沙中潜伏时，只需将吻间露出水面即可呼吸到新鲜空气，其嗅觉十分灵敏。鼻后头部两侧为眼，眼小，略突出，有眼睑及眼膜，瞳孔圆形。口位于头部腹面，口裂较大，呈"人"字形，延伸至眼睛后缘，上颌长于下颌，两颌无齿，但两颌边缘有坚硬的角质鞘，可以压碎或牢牢咬住食物。口内有肌肉质短舌头，但不能自由伸缩，但有帮助吞咽的功能。鳖的头中部有中耳骨膜，但没有外耳。

二、颈部

颈部粗长有力，圆筒形，肌肉发达，伸缩转动灵活，颈部的最外层是坚韧的革质层，一旦受到惊吓，头和颈部能全部缩进甲壳内的肉质颈鞘囊内，当将其腹甲朝上放在地面时，头颈部可以抵住地面借助头颈部伸展力量翻身过来。咽喉部的黏膜上有鳃状组织，是鳖的辅助呼吸器官。在鳖冬眠时，其几乎不用肺部呼吸，而是依靠辅助呼吸器官来呼吸。鳖的头颈部向背部伸出时可以达到背部中间，但其向腹部伸时只能伸到腹部前肢位置，因为其腹甲比较靠前，所以抓鳖时可以先将其翻身，腹部朝上，减小被其咬伤的风险。鳖生性凶猛，遇危险时咬住不放。

三、躯干

鳖躯干一般呈椭圆形，短宽而扁平，中央凸起，边缘凹入，背腹部外层是柔软的革质皮肤，鳖的背甲骨板一共25枚，腹甲骨板9枚，背腹甲之间没有缘板连接，而是由韧带组织相连。鳖主要的内脏器官都集中在躯干内，鳖背面边缘与革质皮肤的结缔组织为鳖的"裙边"，其在游泳时能起到桨和舵的作用。

四、四肢

鳖四肢位于身体两侧，粗短扁平，四肢表面被有鳞片，一般情况下露出体外，也能缩入背腹甲内。前后肢均为五趾，前肢各趾具爪，后肢各趾趾间具蹼，第四和第五指爪退化。后肢比前肢发达，既能在水中自由游泳，又能在陆地上爬行，在捕捉到食物时还能协助将大块食物撕碎，利于吞咽。

五、尾部

尾部较短，呈锥形，可缩入背腹甲内。雌雄不同，雌性鳖尾巴较短，不露出裙边，雄性鳖尾巴略长，尾末端伸出裙边外缘，以此作为区分雌雄的标志。尾腹面近端有一个纵裂形的泄殖腔孔，内有外生殖器。

鳖的内部结构

鳖的内部结构与龟大同小异，大致分为骨骼系统、消化系统、肌肉系统、呼吸系统、循环系统、神经系统、排泄系统和生殖系统八大部分。这些系统之间具有相互联系、彼此配合的特点，使鳖的机能保证正常运转。

一、骨骼系统

由于长期的进化，鳖的骨骼已经达到硬骨化的程度，鳖的骨骼分为中轴骨骼和附肢骨骼，这些骨骼是鳖支撑身体及运动的重要组成部分。中轴骨骼包括头骨、脊椎骨、肋骨和腹甲等。头骨坚硬，由头盖骨、额骨、颌骨、枕骨等组成，脊椎骨包括颈椎、背甲和尾椎，颈椎8枚，"S"形排列，背甲由10枚躯干椎和2枚荐椎和肋骨特化而成。尾椎多枚。鳖无胸骨，由腹甲组成。

附肢骨骼包括肢骨和带骨。前肢骨由肱骨、桡骨、尺骨、腕骨等组成，肩带主要有肩胛骨、乌喙骨和锁骨组成。后肢骨由股骨、胫骨、腓骨、跗骨等组成，后肢带骨由髂骨、坐骨和耻骨构成。鳖的四肢为典型的五趾型附肢，末端有爪，既可支撑体重，又能快速爬行。

二、消化系统

研究鳖的消化系统对鳖的人工养殖尤为重要，鳖的消化系统较为发达，是消化食物和吸收营养的场所（彩图3-1）。鳖的消化系统由消化器官和消化腺两部分组成，消化器官由口、口腔、咽喉、食管、胃、小肠、大肠、直肠和泄殖腔等组成，消化腺为肝脏、胰脏、脾脏、胆囊及肠腺组成。这些组织分泌的肝液、胰液、胆汁、肠液等帮助消化食物。从口腔到泄殖孔的成鳖消化道全长70厘米左右。一般来说，消化道全长为体长的2～3倍，这与鳖以肉食性为主兼食植物性饵料有关，也为人工养殖投喂配合饲料提供重要前提。

1. 口腔

口腔内无牙齿，上下颌有角质鞘，口腔顶壁有硬腭，底部为短舌，舌上生有锥形小乳突，口腔内有唾液腺，能分泌黏液，润滑食物利于吞咽。舌基后有喉头突起，上有纵形裂缝为声门，为气管在咽部的开口，在口腔内侧两角各有一耳咽管的开口。

2. 咽和食管

口腔深处为咽，下通食管，食管呈管状，几乎与颈部等长，前接咽腔，下端与胃部相连。

3. 胃和肝脏

胃位于腹腔左侧，呈"U"形，膨大部不明显，下端由幽门部与小肠相连，胃壁肌肉发达，弹性强。肝脏呈深红褐色，较大，位于心脏的两侧，覆于胃和十二指肠的表面，分左右两叶。右侧肝脏上有暗绿色的一粒胆囊。肝脏分泌的胆汁经肝管流入胆囊储存。

4. 十二指肠和胰腺

十二指肠为紧接胃幽门的由左向右移行的细管，"U"形弯曲，胆汁在十二指肠处促进食物中脂肪的消化和吸收。胰腺位于十二指肠的肠系膜上，呈乳黄色长条状，可分泌胰淀粉酶、胰脂肪酶、胰蛋白酶等多种消化酶，有胰管通往十二指肠，分泌物对食物中的多糖、脂肪和蛋白质有消化作用。

5. 小肠和直肠

小肠较长，是体长的2～3倍，有利于消化动物性和植物性食物，小肠末端急剧膨大的部分为直肠，小肠与直肠交界处有短小的突起为盲肠。直肠末端连接泄殖腔，由泄殖孔开口于体外。在十二指肠和直肠的肠系膜上，靠盲肠附近，有一个椭圆形暗红色的脾，它是淋巴器官。

三、肌肉系统

相对来说，鳖的肌肉比龟要发达得多，它由约150条肌肉组成。鳖的肌肉有体肌和脏肌两类，体肌由横纹肌组成，是有一定形状的肌肉块，附在骨骼上，接受运动神经的支配。鳖的肌肉主要集中在颈部、肩带和腰带的两侧，前肢骨和后肢骨的周围，与骨骼系统一起共同完成支撑身体、运动和摄食等功能。紧贴前肢的后外方和后肢的前背方，各有一团发达的脂肪组织。

四、呼吸系统

鳖的呼吸系统有主呼吸器官和辅助呼吸器官，主呼吸器官指呼吸道与肺等。空气从外鼻孔进入，经上呼吸道的鼻腔、内鼻孔、喉头、气管、支气管进入肺。鳖气管较长且发达，气管壁由软骨环支撑，在颈部与食管平行纵走，能随颈部伸缩而伸屈，进入体腔后分为左右支气管，然后通入肺内。肺发达，为一对黑色、海绵状薄膜囊，分左右两叶，由许多气囊组成，肺紧贴背甲内侧，腹腔前段，肺泡壁上分布着十分丰富的微血管网，呼吸效率较高，鳖的肺容量较大。

鳖有两个副膀胱，位于膀胱背面，是泄殖腔两侧向腹腔突出的囊状结构。其上分布着十分丰富的微血管，能从水中获得氧气并排出二氧化碳，可以起到辅助呼吸的作用。

五、循环系统

鳖的循环系统由动脉、心脏和静脉组成。心脏位于体腔前部偏左位置，卵圆形，由2心房1心室组成，心室位于腹面，呈倒三角形，心房位于心室前方，心室内有不完整的纵膈膜，将心室分为左右两半，但仍有孔相连，不能完全分开。所以鳖的循环与龟差不多，进化得不够完整，心室内的血液仍有不同程度的混合，因此，血液循环属于不完全的双循环。循环系统是鳖体内的运输系统，可将消化道吸收的营养物质和由肺部吸收的氧气运输至各个器官，并将各组织的代谢产物通过同样的途径经肾、肺排出。

六、神经系统与感觉器官

鳖的神经系统包括脑、脊髓、12对脑神经等。脑虽小，但大脑半球显著，大脑皮层中的新脑皮聚集形成神经细胞层。位于大脑前端的嗅叶，延长至鼻腔，鼻腔及嗅黏膜扩大，具有探测化学气味的能力，导致其嗅觉灵敏。中脑和小脑也进化得较为完整；延脑与脊椎相连，具12对脑神经。不过，鳖的神经系统机制尚不够完善，无法进行体温调节，仍属变温动物。

感觉器官只有鼻、眼及内耳。嗅觉发达，听觉敏锐，在水中主要依靠嗅觉探寻食物和回避有害化学物质等，在鳖爬行于地面时，外界的声音通过鼓膜、耳柱骨直接经头骨传到内耳，以感受周围环境。鳖对外界的刺激较为敏感，对声、光及有毒化学物质等都有较大的反应。

七、排泄系统

鳖的排泄系统主要由1对肾脏、1对输尿管和1个膀胱组成，位于体腔与肺后端的一对扁平椭圆形的红褐色肾脏为主要泌尿器官，扁圆形，多叶状，表面密布沟纹，周围略有缺刻，位于生殖腺的背面，紧贴在腹腔后端的背壁上。输尿管位于肾脏外侧，末端开口于泄殖孔。膀胱位于直肠腹面，呈囊状二叶，开口于泄殖腔的腹侧。

八、生殖系统

鳖为雌雄异体。雄体的生殖器官主要有精巢、睾丸、附睾、输精管、阴茎、泄殖腔、泄殖孔。泄殖腔分为粪道、尿生殖道和肛道三部分，一对精巢为长卵圆形，略呈黄白色，与肾脏相并列，与精巢相连的是1对副睾丸，靠近睾丸，从副睾丸通出的输精管开口于泄殖腔，副睾丸由精巢发出的许多细小的输精管弯曲而成。输精管由副睾丸通出，向后通向阴茎基部。鳖的交配器较长，背侧有沟，前段为扁平卵形的阴茎头，阴茎平时隐藏在泄殖腔内，交配时突出于体外，精液通过阴茎沟输送到雌鳖的泄殖腔内。泄殖孔开口于尾部中端。

雌性生殖系统由卵巢、输卵管和泄殖腔组成。卵巢1对，位于腹腔后部，形状不规则，大小随季节变化而变化，为橙色粒状物，在性成熟时，腹腔内除消化道和肝脏外，其余部分几乎全部被卵巢填满，卵巢内有大小不一、发育程度各异的卵，数以百计。输卵管为1对，为盘曲在卵巢两侧的白色扁平管，前端连接肠系膜，喇叭口，后端为子宫及阴道，开口于泄殖腔的后侧面。成熟的卵在输卵管前端与精子相遇受精后，受精卵向体外移动过程中形成卵壳膜，随后接受石灰质形成卵壳，停留在输卵管末端待产。

第三节

鳖的生态习性

一、生活习性

鳖是主要生活在水中的两栖爬行动物，主要生活在淡水水域中，用肺呼吸，同时具有其他辅助呼吸器官。在自然环境中，鳖喜欢栖息于水质清洁的江河、湖泊、水库、池塘等水域，风平浪静的白天常趴在向阳的岸边晒太阳（俗称晒背），利用阳光中的紫外线杀死体表的致病菌，促进受伤体表的愈合，通过晒背提高体温，促进食物消化。生性机敏，有轻微的惊动就会迅速地潜入水底一动不动，并且有判断逃跑路径的能力。鳖对环境的适应能力很强，适于在僻静、冬暖夏凉、阳光充足、水质清新、易于隐蔽的环境中生存。鳖的生活习性可归纳为"三喜三怕"，即喜静怕惊、喜洁怕脏、喜阳怕风，同时鳖生性好斗。

1. 喜静怕惊

鳖对周围环境的声响反应灵敏，只要周围稍有动静，鳖即可迅速潜入水底淤泥中。生性胆小，警惕性非常强，感觉十分敏锐，在陆地上，一旦遇到危险，来不及逃走，便将头颈部和四肢缩入壳内，以抵御敌害。当其遇到危险时，还会迅速伸长脖子，将其咬住，所以人在捕捉鳖时，常常不慎会被咬住，这是鳖的自卫本能，且鳖咬住后不轻易松开，越拽越紧，但是要将其连同被咬部位一起放入水中，鳖觉得有路可逃时，便会松口逃走。

2. 喜洁怕脏

鳖喜欢栖息在清洁的活水中，在水质清新、水流缓慢的湖泊、水库、河流和池塘中易于生长，在脏臭的死水环境条件下，由于水质不洁容易引起各种疾病发生，导致鳖较高的死亡率。

3. 喜阳怕风

在晴朗无风的时候，当周围环境安静，鳖觉得无危险时，常常喜欢爬上岸边或水中漂浮物或水中突起物上晒太阳，每天都要晒2～3小时，即使是夏天也不例外，尤其在中午太阳光线强时，它常爬到岸边沙滩或露出水面的岩石上"晒背"。这是鳖正常的生理现象，通过晒背鳖可以迅速提高体温，促进血液循环和新陈代谢，及早开始昼间活动。同时晒背也可以促进鳖体内钙质的合成，促进背部皮质层变厚变硬，有效抵御外界敌害的攻击。阳光中的紫外线能杀死鳖体表的寄生虫和各种细菌等有害病原微生物，所以鳖喜欢将背甲和腹甲的水分晒干。自然环境中水草较多，不利于晒背的池塘，鳖是很少栖息的。

4. 生性好斗

鳖生性好斗，凶残而且十分贪吃，在高密度养殖时，其相互撕咬残杀、相互打斗现象十分突出，特别是在缺少食物和生殖交配的季节，该天性越发明显，即使是刚孵化不久的稚鳖也不例外，所以在人工养殖鳖时，要特别注意该习性。

二、食性

鳖是杂食性动物，尤其喜食动物性食物，如小鱼虾、螺蛳、河蚌、蚬子、水生昆虫、蚯蚓、蝇蛆、蚕蛹、动物内脏等，也非常爱吃一些下脚料和死鱼烂虾。在动物性饲料缺乏时，也吃蔬菜、南瓜、嫩草、小麦、大豆、玉米、高粱等植物性饲料，但以食动物性饵料为主。稚鳖尤其喜欢食小鱼、小虾、水生昆虫、蚯蚓、水蚤等，成鳖喜欢食虾、蚬、蚌、泥鳅、蜗牛、鱼、螺蛳、动物尸体等，也食腐败的植物及幼嫩的水草、瓜果、蔬菜、谷类等植物性饵料。鳖的摄食能力很强，饲料的需求量很大，各地在建立鳖养殖场时，可因地制宜地采取不同的饵料配方，如沿湖渔区可利用湖泊里捕捞的螺蛳、河蚌等底栖动物，搅碎后投喂。有蚕丝场的地方，可以利用富含高蛋白质的蚕蛹。人工养殖时，除投喂上述饲料外，还可投喂新鲜的蝇蛆、动物内脏及饼类、豆类等。鳖需要的营养物质比较全面，碳水化合物、脂肪、维生素、矿物质、粗纤维均需要，如缺少某种营养物质则会影响鳖的生长发育。为了保证鳖对各种营养成分的需要，提高其生长速度，最好将各种动物性饲料和植物性饲料粉碎后按比例配合，制成配合饲料，定时、定量投喂。当高密度饲养时，除了投喂天然饵料外，还必须增喂配合饲料。

当食物不足时，鳖会自相残杀，相互蚕食，所以在人工养殖时，第一要保障饲料的足量投喂，第二需要将不同规格的鳖分池养殖，从而有效减少因自相残杀造成的损失。鳖的嗅觉十分灵敏，行动略迟缓，在捕食过程中，不主动追捕猎物，而是蜷缩在一旁不动，静待食物靠近后，迅速伸出头颈，将食物咬住，用两爪撕碎食物后吞食。同时鳖忍耐饥饿的能力特别强，即使长时间不进食，也可以存活很久，但个体会逐渐消瘦。

三、生长习性

鳖是冷血变温动物，生长速度受环境温度的制约很大，其活动能力也随水温变化而变化。鳖适宜摄食和生长的水温范围为 20 ～ 33℃，最适宜生长温度为 28 ～ 32℃，此时的鳖摄食能力最强，新陈代谢最快，也是生长速度最快的时候，温度过高或过低时，鳖的生长均会受到限制，20℃以下摄食量下降，15℃以下停止摄食，活动停滞，10℃以下即钻入泥沙或石缝中冬眠。鳖在自然条件下，有一年一冬眠的习性，冬眠期间不吃食、不活动，能量消耗较少，主要依靠体内积累的脂肪维持生命，冬眠时鳖靠喉咙部的鳃状组织等辅助呼吸器官进行呼吸，消耗体内少量的储存营养物质，即可提供整个冬眠期的能量需求。鳖冬眠期随地域的不同而不同，在广东、海南等地每年大约有4个月，湖南、湖北等地每年约6个月，而在东北地区每年有6个月以上。在经过一个冬眠期后，鳖的体重一般要减轻10% ～ 20%，体质较差的鳖在越冬期间容易死亡，来年当水温高于10℃以上时，鳖逐渐苏醒过来，此时鳖体内的脂肪含量最低，味道鲜美，这个时间也是江南油菜花盛开的时节，所以天然美味的菜花鳖深受人们的喜爱。在自然生长条件下，鳖每年适宜的生长时间一般只有5 ～ 6个月，所以在自然条件下从稚鳖养成商品鳖（500克/只左右）一般需3 ～ 4年。鳖的生长速度很慢，其原因是冬眠期长。我国不同地区，鳖的生长速度不相同，我国台湾南部养殖两年可达600克左右，在中部和北部则需2～2.5年；长江流域，在良好的饲养条件下，需在第4年末才达500克左右；而在华北和东北等地区需要4～6年。但在人工控温养殖条件下，鳖全年都可以生长。采用温室常年在温水条件下饲养，鳖不进行冬眠，其生长速度大大加快，一般2年时间即可达500克左右。日本养鳖成功经验之一是将养鳖池水温常年控制在30℃，养殖隔年孵出的稚鳖，只需14～15个月，鳖的体重可达600克左右。鳖的生长速度还与饲料丰度、生长发育时期和性别有较大的关系。饲料充足、摄入营养丰富时，鳖生长较为迅速。在不同年龄，鳖的生长速度不同，如在1～2龄，鳖相对生长速度快，而绝对增重率慢，在3～4龄，鳖绝对生长速度快，而相对增重慢。在生长初期时，鳖雌雄个体生长速度相差不大，但当个体体重达到100克后，雌性比雄性生长速度快；当个体体重达到300克左右时，雌性和雄性生长速度相近；当个体体重超过400克时，雄性明显比雌性生长速度要快。

四、繁殖习性

鳖是雌雄异体动物，卵生生殖，体内受精，体外孵化。在自然条件下，体重0.5千克左右达到性成熟。在自然条件下，不同地区的中华鳖性成熟年龄有所差别，温暖地区的性成熟要早，寒冷地区的性成熟要晚，华南地区性成熟期为2～3年，长江中下游流域为4～5年，华北地区为5～6年，东北地区为6～7年。在温室控温养殖条件下，鳖性成熟只需2～3年。

每年3月份，鳖结束冬眠外出摄食，直到4月份，营养积累足够，当水温达到20℃以上时发情交配，最适宜的交配水温为25～28℃，鳖的交配在凌晨3时左右，交配前，雄性鳖开始追逐雌性鳖，最后骑在雌性鳖的背上，将其尾部交接期插入雌性鳖泄殖腔中，在体内完成受精，交配时间长短不一，一般在5～15分钟。交配后两周，雌鳖开始产卵，最适宜的产卵水温为25～29℃。产卵时间一般在夜间或黎明。产卵前鳖爬上岸寻找离水不远、地势较高、僻静的泥沙滩作为产卵场所。产卵时鳖先用后肢挖土掘洞（洞深一般10～12厘米，直径10～15厘米，呈漏斗状），然后将尾巴伸入洞内，卵产在其中，待产完一窝卵后，便用后肢扒土覆盖洞穴，抹平洞口，并用身体压实。雌鳖依其年龄个体大小、体质强弱和饵料优劣，产卵窝数、每窝卵数都有所不同。一般年龄大、个体规格大、营养条件好的雌性鳖怀卵量多，产卵批次和产卵数量也多，反之则少，但鳖年龄太大的，其由于生理功能退化，产卵量反而会减少。一般鳖一年中可产卵3～5次，年产30～50枚，每批次产卵15～20枚。两次产卵前后相隔2～3周，到立秋前后终止产卵。体重在500克以下的雌性鳖产卵量少，而且卵的质量不高，体重在1500克以上的雌性鳖产卵量大，卵的质量高，一般产卵量要达到50～100个，同时卵的个体规格大，大小较为均匀。

鳖卵呈圆形，淡黄色或乳白色，外面包裹较硬的钙质硬壳，卵径一般1.5～2.0厘米，重量3～6克。鳖初次产卵的规格比较小，一般卵径在1.3厘米，重量在3克左右，当再次产卵时，卵的规格逐年变大。鳖卵的自然孵化是依靠太阳光线的加温作用孵化的，自然条件下，鳖卵的孵化时间为50～70天，孵化时间的长短主要与孵化积温有关，当孵化温度为30℃时，需要50天左右的孵化时间，温度越低，孵化时间越长。刚孵化出来的稚鳖对水很敏感，经过2～3天其脐带自动脱落后，就自己从洞中爬出，进入临近水域自主生活。

第四章

养殖场的规划设计与建造

- 第一节　养殖场址的选择
- 第二节　养殖场的规划布局

第一节

养殖场址的选择

想要开展鳖养殖，首先要选择一块适宜鳖养殖的地方，所以场址选择是整个鳖养殖成功的首要关键因素。鳖养殖场应根据养殖品种对象的生态习性、生产规模、周边环境条件及承载能力和水源水质、地形地貌、土壤土质、饵料供给等条件，综合交通、通讯、电力及当地产业规模等多因素全盘考虑。

一、环境条件

由于鳖的特殊生活习性，喜静怕惊，生性胆小，在摄食、晒背和交配产卵的过程中，特别容易受到外界的惊扰，一旦其正常活动被打扰，它就会迅速逃入水中躲避危险，从而影响其正常的生长发育。所以鳖养殖全过程中，无论是成鳖养殖还是专门的孵化场，无论是鳖的生长繁殖期还是休眠期，都需要一个非常安静的生长环境。所以在养殖场选址时，首先要考虑的就是安静，减少外界环境变动对鳖正常生长的干扰，特别是要避开噪声大的工厂、学校和容易引起地面震动的马路等区域。

鳖喜阳怕风，养殖场在选址时要选择在背风向阳、地势开阔的区域，这样有利于鳖晒背的生理需求，同时能有效利用阳光积温，提高养殖水体水温，促进鳖的健康生长，也能极大地减少一些病害的发生频率。

二、水源水质

鳖虽不是鱼，是爬行动物，但鳖主要的生长繁殖、摄食冬眠等都是在水中进行的，它一生大部分时间都待在水里，所以水源水质的好坏与鳖的生长存活息息相关。

　　鳖喜欢生活在水质干净清洁的水中，所以要求水质良好、灌排方便、无污染，鳖池切忌含氨和被污染的水源流入，池水要求新鲜、流动、温暖。一般江河、池沼、湖泊、水库都可作为养鳖水源。如果夏季气温高，为防止水质变坏，可定期更换新水。理想的养鳖场对水源的要求应该是灌得进、排得出。养鳖场的水源也可以是地下水，地下水由于无污染、温度稳定、透明度高，不失为鳖养殖理想的水源，但地下水需要检测其相关理化指标，对盐碱地过高的地下水不宜使用。同时地下水由于水体中溶解氧较少，使用前最好经过曝气处理。用含浮游生物多的河、湖、池水，由于其水体透明度较低，鳖在里面生活有安全感，所以效果也较好，泉水因温度低，不宜用来养鳖。如果周围有大型工厂的余热水资源可以利用，只要没有化学污染，就可以用来作为鳖养殖场良好的水源，而且能大大节约能源开支。

　　养殖场的水质各项指标应符合行业标准《无公害食品　淡水养殖用水水质》（NY 5051—2001）中的规定，一般养鳖的水质溶解氧含量不低于3毫克/升，pH值在7.5～8.5，透明度在20～30厘米，氨氮含量不超过1毫克/升，亚硝态氮不超过0.1毫克/升，盐度在0.5以下。

三、土壤土质

　　鳖养殖场的土壤要求选择在保水性良好的黏土或黏壤性土地区，在池塘底部要有15～30厘米的淤泥或细沙层，这样有利于鳖的栖息和冬眠。

四、饵料要求

　　鳖养殖场的选择首先应考虑饵料的来源。一般选择在城郊，以肉类加工厂的附近为宜，可利用畜禽屠宰后的下脚料作为鳖的饲料。在其他地区，只要能解决饵料来源的可靠途径，也可以建场。最好选择在能提供大量廉价鱼虾、贝类的大型湖泊渔区附近。饵料要求充足，供应方便。

五、地形地貌

养殖场的选址要调查当地的地形地貌，以有利于整个养殖场的基础设施建设、土建工程、设施设备安装工程为主，特别是要有利于整个养殖场的综合布局，包括生产生活区的划分、温室保种与室外生态养殖的衔接等，要统筹考虑到进排水动力消耗、防渗漏、抗洪排涝等方面的问题。同时要兼顾周边可扩展的区域，为未来长远发展预留一定的空间。

第二节

养殖场的规划布局

规划布局是整个养殖场建设前期最重要的工作，养殖场建设应本着"以鳖为主、合理利用"的原则来规划布局，统筹兼顾自然资源、环境条件、生产生活等各个方面，以期实现经济效益和生态效益的双赢局面，养殖场的规划建设既要考虑近期需要，又要考虑今后发展。整个养殖场的规划建设，都要围绕鳖的生态习性，符合鳖的生态要求，满足鳖的生长需求，就鳖的生态位来说，鳖属内陆水生底栖穴居爬行动物，一生大部分时间生活在水底，胆小怕惊，以肉食性为主，凶猛好斗，通常掘洞而居，常浮出水面，呼吸空气，善游能爬，喜欢在阳光下"晒背"，以杀死体表寄生虫和增强抗病力。所以在整个养殖场设计中，要考虑到这些习性要求，满足让鳖挖洞穴居及其他生态需求，厂房要远离办公区、住宅区，建好防逃设施，养殖池内要设置充足的晒背台等。综合来说，一个养鳖场的规划设计一般应遵循以下原则。

一、合理布局

根据养殖场规划要求，合理安排各功能区，做到布局协调、结构合理，既满足生产管理需要，又适合长期发展需要。

由于各地气候条件、投资规模和市场情况的不同，每一个养鳖场所选择的养殖方式不同，养殖场的设计规划也不尽相同。总的来说，一个功能齐全的养殖场应该由养殖生产区、办公生活区及产品交易区组成。各个区域的分布设计既要考虑人类活动、车船交通等因素对养殖鳖的干扰，又要考虑各区域彼此间的相互隔离，防止一些流行性疫病的传播，合理确定各区域的位置和大小。

1. 养殖生产区

养殖生产区是整个养殖场的核心区域，承担着重要的生产功能，其面积一般占整个养殖场的90%以上，主要由养殖池塘、温室大棚、进排水渠道、活饵料生产区以及生态净化池塘和辅助设施组成。养殖池塘分为成鳖池、稚鳖池、亲本池和幼鳖池。各池塘的比例可根据养殖主要产品的不同进行调配，一般成鳖池和亲本池的面积约占40%，稚鳖池的面积占5%左右，幼鳖池的面积占15%左右。如果采用工厂化温室培育稚鳖，以将稚鳖培育至100克以上，再放入成鳖池中养殖，则不需要预留稚鳖池。以繁苗出售稚鳖的养殖场，则不需要预留成鳖池。所以首先要根据自身的养殖规模、基础设施条件、技术水平和养殖模式等综合确定。对工厂化养殖场来说，无非两种方式，一是全程工厂化控温养殖，二是控温养殖与常温养殖相配套。

全程工厂化控温养殖。即从稚鳖、幼鳖到商品鳖、亲鳖的生产全过程一律为控温工厂化养殖。这种方式在我国较少。一般亲鳖池、稚鳖池、幼鳖池和商品鳖池的建池面积之比是3：2：2：5。

常温与工厂化控温相配套养殖。目前，国内多采用这种生产方式。有的在稚鳖、幼鳖和亲鳖阶段采用控温养殖，商品鳖在常温下培育；有的仅稚鳖、幼鳖时期采用控温养殖，亲鳖和商品鳖在常温下养殖。前者亲鳖池、稚幼鳖温室池、商品鳖池的面积比例为5∶5∶8；后者亲鳖池、稚幼鳖温室池和商品鳖池的面积比例为8∶5∶8。

2. 办公生活区

生产厂房主要包括加温锅炉房、鼓风机房、配电室和发电室、仓库、饲料加工车间等，生活区主要包括办公楼和住宅楼。由场本部依次向场内延伸应是稚鳖池、幼鳖池、成鳖池和亲鳖池。这样，既方便稚鳖、幼鳖的管理，又使成鳖池、亲鳖池远离喧闹区，有利于更好地生长和繁殖。作为一个较大规模的养殖场，四周设置围墙。办公生活区一般设置在区域围墙内侧四角位置，不宜设置在整个场地的正中央，尽量减少活动对鳖生长的影响，同时考虑便于工作人员日夜照管，办公区域必须配备职工宿舍，楼下可作生产工具存放室。如果是长方形场址，长边很长，可在中间再建几幢值班室。

3. 产品交易区

产品交易区主要指购买暂养及销售区域。由于在鳖养殖流通过程中容易发生疫病传播的风险，因此该区域应放在养殖场的排水末端，同时应建立隔离区与消毒区，与养殖生产区进行严格的隔离。

除此以外，必须合理配置孵化室、锅炉房、水泵房、配电室、仓库、饲料加工间和场部办公室、住宅区等厂房建设。

二、利用地形结构

充分利用地形结构规划建设养殖设施，做到施工经济、进排水合理和管理方便。

在养鳖场的总体布局设计中，要充分利用地形合理规划养殖设施，设施设备中比较难处理的是包括锅炉房、配电室、饲料仓库等在内的生产厂房的位置，是在整个场的中央还是毗邻场部，有人认为放在场中央便于向四面八方输送动力、热力和饲料等。我们认为，在这些厂房中，机械、电器工作时会发出很大的噪声，影响鳖的生长，所以还是远离养殖区为好。进排水设施要依据养殖场的地形特点综合考虑，做到排灌方面，节水节能，经济合理，养殖池塘的设置要选择在保水性好的黏土区域，做好防漏、防渗处理。

三、就地取材

在养殖场建设中，要优先考虑选用当地建材，做到取材方便，经济可靠。

规划和布局，既要方便生产和操作，减轻劳动强度，保障工人健康，又要尽可能地满足鳖对生活环境条件的需求，避免因工厂设计不合理，而造成搬运、倒池等时间过长，引起人为伤亡。建筑材料的选购要就地取材，因地制宜，尽量减少运输环节，降低成本。

第五章

养殖池塘的结构与建造

- 第一节　稚鳖池的设计与建造
- 第二节　幼鳖池的设计与建造
- 第三节　成鳖池的设计与建造
- 第四节　亲鳖池的设计与建造
- 第五节　养殖温室的结构与建造
- 第六节　养殖场的防盗及水处理

第一节
稚鳖池的设计与建造

　　室外稚鳖池的结构和成鳖池基本相同，但稚鳖池由水泥构成，深度不需要太深，一般 60～70 厘米即可，池水深度 50 厘米，池塘面积在 50～100 平方米，露出水面的空地约 20%，坡度 25°～30°，稚鳖喜食浮游动物、水蚯蚓等，池塘底部最好留有 5 厘米的软泥，便于水蚯蚓的生长，同时养殖过程中要注意肥水。

　　当然由于稚鳖比较娇嫩，对外界的适应能力不强，所以目前很多养殖场为了提高稚鳖的养殖成活率，都将稚鳖池建在室内，通过加温恒温的方式，使其安全越冬，延长其生长期，加快生长速度。一般温室内的稚鳖养殖池 20 平方米左右，呈并列状，便于生产管理。养鳖池塘四周都要建造防逃设施，土池可在池塘四周建设四角为弧形的防逃围栏。水泥池可在池壁顶端建设向内 10 厘米左右的水泥板或砖块。池塘的进排水口处安装金属防逃网（彩图 5-1）。

第二节
幼鳖池的设计与建造

　　幼鳖是介于稚鳖和成鳖之间的一种统称，幼鳖池塘的设计和稚鳖池基本相同，幼鳖的适应能力较稚鳖强，所以幼鳖养殖池塘的面积可以略大一些，为200～1000平方米，也可架设塑料保温大棚（彩图5-2）。

第三节
成鳖池的设计与建造

　　成鳖池呈长方形，东西走向，池塘面积在4～8亩为宜，土池养殖，沿北侧向阳处应设置一排空地供鳖晒背，空地的宽度一般在2米左右，坡度不大于30°。同时鳖喜欢潜伏在水底的泥沙里休息，所以成鳖养殖池塘池底需要放入20厘米的软质泥土，供其潜入。鳖平时用肺呼吸，一般30分钟到水面换气一次，池塘深度建议在2米左右，池水深度在1.5米左右。另外由于夏季炎热，为了保证鳖安全度夏，应设计一个适合的避暑区域，可在成鳖池南岸挖一条深水区域，水深保持在2米左右。由于鳖养殖过程中大量投喂动物性饵料，残饵对养殖水质的污染较为严重，可以将饵料台和喂食区设置在北岸的空地上，空地向北倾斜，便于冲刷清洗喂食区域，防止残饵等随水流流入池内而污染养殖水体。

　　成鳖池主要是养殖商品鳖或者为培育后备亲鳖做准备，所以这个池塘中的鳖个体都较大，一般在250克左右，其攀爬和打斗能力都很强，所以成鳖池的防逃设施要更加牢固和完备，可用内壁光滑、坚固的材料在池塘周围30厘米处将成鳖池四周围住，防逃材料埋入土中20厘米，上部高出周围50厘米（彩图5-3）。

第四节

亲鳖池的设计与建造

亲鳖池的结构和成鳖池基本相同，面积可略大，在8亩以上，土池养殖，亲鳖产卵需要特别安静的地方和环境，所以亲鳖池应设置在向阳僻静的地方，池塘深度2.5米，水深2米左右。亲鳖池和成鳖池唯一不同的地方是亲鳖池需要设置产卵场或产卵房供其产卵使用。亲鳖池为保证亲鳖的育肥备产，放养量都略小，一般每亩放养400～500只。

一、产卵场

在池塘背风向阳的堤岸上，用沙质土铺设沙滩供其产卵，沙滩的高度要高于水面1米左右，有利于保持产卵场的干湿度。产卵场的面积大小可根据池塘中的亲鳖数量来确定，一般每只雌性按0.1平方米的产卵场面积计算。产卵场沙土层厚50厘米，要求沙土松软，亲鳖挖洞不倒塌，一般沙土层的湿度保持在4%左右，如果在夏季天气干燥的时候，产卵场四周和底部用砖石建造，便于雨水的渗漏。在产卵场的四周可以种植一些树木，或者搭建凉棚，一来可以阻挡雨水的冲刷和阳光的直晒，二来形成一个隐蔽凉爽的产卵环境，利于亲鳖产卵（彩图5-4）。

二、产卵房

为了提供更好的产卵环境和防止敌害生物的入侵，也可以将产卵场围建成产卵房，产卵房的大小根据雌鳖的数量确定，一般每百只配建2平方米的产卵房，高度2米，房内铺设30厘米的细沙，沙面与地面齐平，靠亲鳖池的一侧留一排洞口，亲鳖池通过斜坡直通产卵房，产卵房另一侧开有小门供管理人员进出，产卵房四周和亲鳖池的周围不宜再有泥土地，或者全部铺以硬质路面，防止亲鳖分散产卵（彩图5-5）。

第五节

养殖温室的结构与建造

常温养殖鳖时，水温过低，鳖便潜入水底泥沙中潜伏，进入冬眠期。特别是对于幼鳖的培育来说，一旦水温低于10℃，幼鳖就进入冬眠状态，冬眠期间的鳖死亡率高，体重下降明显，所以，现行的养殖方法，对于稚幼鳖的培育，一般都采用塑料采光大棚或者全封闭加温温室，然后采用分段养殖模式，到室外池塘开展成鳖养殖。

一、塑料采光大棚

塑料采光保温大棚养殖不采用任何人工加温设施，而是通过覆盖塑料薄膜，使大棚内的池水与外界空气隔开，通过合理的采光和积温，减少大棚内热量的散发和棚外冷空气的侵入，有助于延长稚鳖、幼鳖的生长期，同时减轻稚鳖、幼鳖越冬期的冻害。据测定，塑料大棚内的水温可比棚外高5～8℃。在天气晴朗的情况下，室外气温为16℃时，棚内气温可升至35～38℃，水温可升至28℃左右，到夜间室外气温降至7℃时，棚内气温仍在23℃，水温仍维持在25℃左右。在南方地区，秋末延长和初春提早使稚鳖、幼鳖进入适温生长期，每年可以延长生长期2～3个月，成活率提高到50%以上。

1. 大棚的设计

温室设计的布局应根据地理位置、周围环境、热源和生产规模，以及交通和电力供应等条件，统筹规划，合理布局。如果有数间温室，则温室前后之间的距离应在5米以上，双层面或圆拱形温室左右两间可以相连，也可以独立。

温室设计的保温在相当程度上依赖于光照。光照与温室的方位有直接关系。当阳光照在温室上空时，室内光照强度主要取决于直射光，而与散射光关系不大。入射角度越小，室内光照强度越大，而直射光的入射角除了受太阳高度角的影响，还受温室布局的影响。

塑料采光保温大棚可依照地形，因地制宜建成单坡式或全弧式，以全弧式为好。一般全弧式、中间无柱支撑的大棚宽度为8～15米，中间有柱支撑的棚宽可达到20米以上，棚高为2.5～3.0米；单坡式大棚的宽度为6～8米。棚架用镀锌管焊接成圆拱形桁架，在四周池埂上安装纵向钢筋连接固定。棚面用0.12～0.14毫米厚的聚乙烯塑料薄膜覆盖，冬天时采用双层塑料薄膜覆盖，内外层间距10～15厘米。大棚下檐四周（留门处除外）塑料薄膜用土严密覆盖，以利保温。棚顶需设置一层网眼为15毫米左右的加强网，来防护塑料薄膜（彩图5-6）。

南北向温室设计多数为双屋面温室设计或圆拱形温室设计，这种温室设计的东部和西部，上午、下午的日平均受光基本相等，而且室内不产生"阴影"。东西向温室，南北部受光不均，骨架易产生"阴影"。因此，建造温室要根据不同情况选择不同的方位。特别是在北方较冷的地区无论是南北走向或东西走向，为了充分利用下午的光照，建造时选择一定的偏角：南北走向的温室偏东约5°，东西走向的温室偏西5°～10°为好。

2. 大棚使用的注意事项

温室设计形体较大，骨架材料相对较轻，易受风、雪袭击而损坏，特别是塑料棚温室，为确保其整体安全和保温，除了光照之外，是否背风，迎风面有无屏障，为选择温室地点最重要的条件之一。温室的附近应有水量丰富、水质符合养鳖要求的水源，而且温室必须具备排灌条件。

为了保证大棚在整个使用过程中的安全，设计时要对每一个构件的受力程度进行测算，确定其形状、规格和受力点，重点考虑固定载荷（大棚结构的自身重量）、积雪载荷和风压，棚顶不能积有雨水，设计和建造时保证棚顶的雨水能沿薄膜顺利流至地面。

中午棚内温度达到33～35℃时，应将棚膜揭开一角，使棚内温度下降，下午或傍晚盖好薄膜，保持棚内温度。当外界气温下降到5℃以下时，晚上应在塑料薄膜上加铺一层厚草帘或者厚布帘，对大棚进行整体保温。白天有阳光照射时，可将遮挡物收起，提高棚内光照，不断增加棚内温度。

3. 室内设计

温室养殖池排列在南北两侧，单层水泥池，人行道在中央，温室门在人行道两端，各种排水、排污管道在人行道下面，进水管道靠南、北墙设置。各种类型温室内养殖池排污管道都通到室外，控制阀门安装在室外墙的地沟中。

（1）幼鳖池　用来养40～100克的鳖，单个面积30～40平方米，长方形混凝土结构，长宽比是2∶1，池深80厘米，一般放水50厘米深（出水口处深度）。位于上层池。池底由进水口向出水口呈一定坡降，出水口下方设排污口，一般每个池有2～3个进水口、2～3个出水口、2～3个排污口。进水口采用管道底层进水；出水口为底层自动溢水，可以保持池内水平面，同时将堆积池底的污物自动排出。进出水管管径一般6～20厘米，池内口捆绑防逃网。排污管管径15～20厘米，上有盖板。池底建好后铺一层10～20厘米厚的卵石或细沙，无沙台。

（2）稚鳖池　用来将刚出壳的鳖养至40克左右，单个面积8～12平方米，长方形，池深50厘米，常放水30厘米深。位于上层池。池内结构、设计同幼鳖池。

（3）梯级池　为了充分利用热能，减少能耗，现行养殖温室养鳖池也可采用多层梯形结构，常见养殖场有2～3层，上池底与下池口面间距40厘米左右，便于通风透气。上层池内缩50厘米左右，以便操作管理。池深70厘米，蓄水深50厘米，池边安装直径10厘米排水球阀，池口设8～10厘米防逃反边。走道设在两排池中间，或设在单排池的一边。走道宽50～60厘米，下设40厘米宽的排水暗沟。为便于排水清污，池底向排水口方向坡降4‰，食台设在走道一边的池内，食台兼休息台一般用石棉瓦斜放，一半入水一半在水面上。

（4）无沙池　要求水泥池壁底面抹光，距池底面20厘米处平行牵绳数根，自制鳖巢结在绳上，让巢垂散在水中，每隔30厘米挂一巢，每平方米水面放6～7只巢。由于无沙，鳖休息时自行钻进巢中隐蔽，摄食时会钻出游至食台，巢与池底留有10厘米左右的空间，因此改变了铺沙养鳖时水质污染快、鳖钻沙易擦伤等缺点，病害明显减少，生长良好。

二、封闭加温温室

全封闭加温温室（彩图5-7）加温保温性能优越，热量损失较少，可以始终保持水温恒定，在冬季水温也可保持在30℃，此温度下稚鳖摄食旺盛、生长迅速，解决了稚鳖冬眠死亡率高、生长期长的弊端，一般5克左右的稚鳖经过5～6个月的饲养，其体重能达到200克左右。

1. 封闭温室结构

温室设施较传统日光大棚增加了加温装置。一般单栋温室大棚长60米、宽10米，单个棚面积在600平方米。大棚中心顶高2米，呈弧形向两侧倾斜。两侧墙体最低处约60厘米，大棚四周墙体为空心砖加发泡泡沫板材料组成，形成良好的保温效果。棚顶由厚塑料膜、泡沫板、防水布等组成。在温室的一侧设置加温设备，形成整体保温效果。

养殖池建在地上，水泥池结构，四壁水泥抹光，四角做成圆弧状，防止擦伤，单个水泥池长方形，20～30平方米，深度在1.2米，池顶倒"L"形向内突出10厘米，作为防逃装置。池底呈浅锅底形，便于排水和排污管理。整个单栋温室内水泥池布局为中间通道、两侧水泥池的模式，便于日常的养殖生产管理，过道两侧控制进水和排水。

2. 加温设施

在温度不够的低温季节，温室大棚需要使用加热设备保持棚内温度，鳖养殖生长较快的温度在30℃，当棚内温度达不到此温度时，就需要给大棚加温。温室大棚一般使用的加热设备，比较普遍的是燃气热水锅炉（彩图5-8），另外有热风炉、电加热设备，最新流行当属热泵了。

（1）燃气热水锅炉 顾名思义，用的材料就是煤，煤的燃烧值比较低，同时价格适中，热水管道需要布置均匀，才能避免温度的波动。燃气锅炉一般来说是通过锅炉的增加而增加，所以规模大小也会影响加热系统的效率。一般来说温室越小，温室大棚单位面积的耗煤量将会越大，费用也会越高。因此，比较小型的温室大棚考虑供热方案应更多地考虑供热设备以及热效率的变化。燃气热水锅炉较为适宜用在水产养殖领域，一般根据温室面积大小选择不同规格的锅炉，一般每千平方米温室配备1吨/时蒸发量的锅炉，基本满足养殖生产需求。锅炉产生的蒸汽一部分用来加热养殖用水，一部分用来加热室内的空气，保持气温适宜。加热养殖水时，锅炉蒸汽输送到调温池，通过盘管或者直管加热水体，调温池的水温不宜设置太高，一般设置在35℃左右，避免在给养殖池加水时，水温波动过大，造成鳖的不适应，一般加水前后的水温不超过2～3℃。

室内温度通过散热器加热空气，保持室内温度高于水温3℃左右。

（2）热风炉　热风炉的类型一般可以分为煤热风炉、燃油热风炉及燃气热风炉，与燃气热水锅炉相比，启动时没有热媒介的损失，利用率更高，同时因为是直接加热，加热的速度也比较快，更具灵活性，同时大棚的温度也是比较均匀的。

热风炉的加热温度一般在40～120℃。加热温度比较高，热射流就会呈自然上升趋势，并且会使温室大棚下部加热不好。送风温度过低，热风炉出口焓值较小，需要布置更多的热风炉，或者是提高热风炉的送风风量，所以热风炉出口送风温度的选择对温室大棚内部的温度分布影响是比较大的。和燃气热水锅炉一样，燃煤热风炉的调节性能是比较差的，但温室大棚内加热的热惯性比较小，一般的启停控制就可以保证温室大棚内部不会太热。

（3）电加热温室大棚　和其他的能源形势相比，电能是通过热-电-热的能量转换，由于火力发电的效率只有30%左右，所以即使电转化为热的效率比较高，但是整体来说，损失还是比较多的，对于普通大棚种植来说，消耗占比就比较高，是不太经济的；对于种苗温室大棚来说，电加热对于环境温度的控制还是比较好的。

（4）热泵温室大棚　热泵现在也已经是成熟的技术，总体来说就是把热量从低温区向高温区输送的设备，热泵的热量循环原理和制冷机的热力循环原理是差不多的，但是在用途和作用方面是刚好相反的。电热泵温室大棚也就是将热量从低温的环境输送到大棚的设备，热泵温室大棚在设备装置上消耗得会比较高，但是后期的消耗会小得多，同时相对于其他设备来说，最重要的就是热泵运行无任何污染、不燃烧、不排烟，不产生废渣、废水、废气和烟尘，是属于无污染的环保设备，一般每消耗1千瓦时的电量，用户可以获得5千瓦时的热量，每500平方米的温室大棚可以配备5匹的水源热泵2台，基本满足养殖生产，应该说热泵应用于大棚的潜力是非常巨大的。

3. 进排水设施

大棚内的进排水系统可以用不同型号的PVC管，安装在养殖池的池壁顶部一侧，排水口一般位于养殖池池底最中间的低洼处，便于排水排污。排水系统可以是水渠、PVC管等，只要低于养殖池塘的底部30厘米，便于水流通畅排出即可。

4. 增氧设施

鳖主要通过肺部呼吸，当其需要呼吸时，可将吻尖露出水面，即可呼吸到外界新鲜空气，所以鳖不会像鱼一样在水体缺氧死亡，水体的溶解氧含量高低不会直接对其造成影响，但鳖由于日常投喂的都是富含高蛋白质的饲料，加上温室内温度较高，其残饵粪便极易造成养殖水体的富营养化，容易产生水体缺氧的情况，迅速缺氧能引起水中化学成分的剧烈变化及环境生物的死亡，引起水质恶化，应激反应后造成养殖动物抗病力降低，长期缺氧会造成水体中还原电位的升高及好氧微生物减少，造成氨、亚硝酸盐、硫化氢等有害物质的积累，引起养殖动物的慢性中毒，缺氧还能引起水体碳酸盐、磷酸盐及有机物缓冲能力的降低，水体不易稳定。同时水体缺氧情况的发生容易引起水体厌氧及兼性厌氧菌（如气单胞菌）的增多，造成常见致病菌的突增，易引起养殖动物的大批死亡。特别是缺氧时底质发臭，排污时，排出的水发黑，臭味较重，鳖又是生活在底层，容易造成鳖生长缓慢、体质下降而患病。所以在鳖养殖温室可架设增氧设施，一般采用较为经济实惠的罗茨鼓风机即可，每天增氧4～6小时。氧气通过管道运送到每个养殖池边，在养殖池边分支细管后用塑料软管接入养殖水体，出气口装微孔沙滤头，形成细小气泡，增加空气与水体的接触面，增加养殖水体的溶解氧。

5. 通风设施

为了保持整个加温温室内的空气新鲜，需要定期将室内污浊空气排出，所以在整个温室设计中，要预留好排风口或排风扇等通风设施，定期将部分空气排出，但每次排气时间不能太长，太长会使室内环境温度降低很多，影响鳖的正常生长。

第六节
养殖场的防盗及水处理

一、养殖场的防盗

由于鳖的价格较高，很多养殖场都出现过养殖鳖或者亲鳖被偷的情况，损失十分严重，所以在鳖养殖场设计时，要充分考虑到整个养殖场的防盗问题。一般在整个养殖场的四周建设高墙，墙顶设置铁丝网（彩图5-9），同时养殖一些狼狗作为震慑，围墙四周建设有防盗环沟，最好再配备一些现代化的防盗设施，如红外线报警器和监控探头等。

二、养殖场的水处理设施

在水产养殖中，水是最重要的因素，是生物赖以生存的必要条件，良好的水质和生态环境是水产养殖的基础。但是，由于持续的养殖和过度的开发而积累的大量残饵、粪便和动植物尸体造成水质恶化，细菌、病毒滋生，是导致养殖病害、生长缓慢和经济效益低下的主要原因。目前依赖于排放"老水"，注入"新水"，往水中投放药物和减少投饵量等办法来改善养殖池的污染。但由于连片的养殖环境，在养殖池自身污染的同时也造成了周边水域的污染。注入的"新水"与排放的"老水"水质相差无几，且又会造成交叉污染。大量的换水造成环境的剧烈变化还会引发养殖动物的应激反应，成为暴发性病毒的诱发因素。往水中投放药物和减少投饵量会加剧生态环境的破坏和降低动物的免疫力，造成养殖生产的恶性循环。近几年来泰国和我国南方等地区逐渐发展起来的少量换水、循环和增氧对上述问题有一定的改善，较好地杜绝了交叉污染。但养殖过程中残饵、粪便与动植物尸体基本上得不到清除，水质恶化、病菌滋生仍然得不到解决。

养鳖场的水处理主要指水源水处理、养殖尾水处理以及养殖过程水处理，整个养殖过程的水质好坏直接影响养殖的成功与否，是非常重要的一个因素。

三、水源水处理

一个养殖场如果没有稳定的水源和良好的水质保障，要顺利进行养殖生产是不可能的。养殖水源一般分为地面水源和地下水源，无论是采用哪种水源，在建设水产养殖场时都应选择在水源水量充足、水质良好的地区建场。水产养殖场的规模和养殖品种也要结合水源情况来决定。采用河水或水库水作为养殖水源时，要设置防止野生鱼类进入的设施，还要考虑周边水环境污染可能带来的影响。使用地下水作为水源时，要考虑地下水源的供水量是否满足养殖需求，供水量的大小一般为10天左右，能够把池塘注满为宜。选择养殖水源时，还应考虑工程施工等方面的问题，利用河流作为水源时需要考虑是否筑坝拦水，利用山溪水流时要考虑是否建造沉沙排淤等设施。水产养殖场的进水口应建到上游部位，排水口建在下游部位，防止养殖场排放水流入进水口。养殖用水的水质必须符合《渔业水质标准》（GB 11607—1989）规定。近几年养殖失败，超过60%是水环境影响所致。都知道水产养殖场在选址时应选择有良好水源水质的地区，但现实是何等的残酷，池塘外界水源符合指标的占比太少。如水质存在问题或阶段性不能满足养殖需要，对于部分指标或阶段性指标不符合规定的养殖水源，应考虑建设水源处理设施，并计算相应设施设备的建设成本和运行成本。水源处理设施一般有沉淀过滤池、杀菌消毒设施、人工生态系统等。

1. 沉淀过滤池

沉淀是应用沉淀原理去除水中悬浮物的一种水处理设施，主要用以降低污水中的悬浮固体浓度。水力停留时间应大于2小时。其可以和过滤池结合设计，由于外源水中的污染物等大部分以悬浮态大颗粒形式存在，因此采用物理过滤技术去除是最为快捷、经济的方法。建造过滤池目的是通过滤料截留水体中悬浮固体和部分细菌、微生物等来达到水处理目的。对于悬浮物较高或藻类寄生虫等较多的养殖水源，一般可采用快滤的方式进行水处理。快滤池一般有2节或4节结构，快滤池的滤层滤料一般为3～5层，最上层为颗粒较细的石英石等细沙，向下过滤材料逐渐变粗，可以为无烟煤粒、沸石、铁矿粒、云石等。在处理水产养殖水体中，用沙滤池能很好地去除悬浮物，但是去除氮和磷效果不佳，采用斜发沸石可以吸附一定量的氨。沸石过滤兼有过滤与吸附功能，不仅可以去除悬浮物，同时又可以通过吸附作用有效去除重金属、氨氮等溶解态污染物。

2. 杀菌消毒设施

养殖场孵化、育苗或其他特殊用水需要进行水源杀菌消毒处理。目前一般采用紫外杀菌装置、臭氧消毒杀菌装置或臭氧-紫外复合杀菌消毒等处理设施。杀菌消毒设施的大小取决于水质状况和处理量。

紫外杀菌装置是利用紫外线杀灭水体中细菌的一种设备和设施，常用的有浸没式、过流式等。浸没式紫外杀菌装置结构简单，使用较多，其紫外线杀菌灯直接放在水中，既可用于流动的动态水，又可用于静态水。

进水水源中还可能存在难以生物降解的有机物，因此，利用臭氧等化学氧化剂的氧化作用，氧化分解难以生物降解的溶解态有机物是水源水深度处理的主要手段。臭氧氧化技术已在西欧、美国和日本被广泛应用于水产养殖系统。此外，臭氧不仅能快速降低水体中的COD，而且还可大大降低水体中氨氮和亚硝酸盐浓度。臭氧的净化原理在于它在水中的氧化还原电位为2.07伏，高于氯（1.36伏）和二氧化氯（1.5伏）。它能够破坏和分解细胞的细胞壁（膜），迅速扩散渗入细胞内，从而杀死病原菌。臭氧在水中分解的中间物质羟基自由基（·OH），具有很强的氧化性，可以分解一般氧化剂难以分解的有机物。用臭氧处理，既能够迅速灭除细菌、病毒和氨等有害物质，又能增加水中溶解氧，从而达到净化养殖废水的目的。臭氧杀菌消毒设施一般由臭氧发生机、臭氧释放装置等组成。淡水养殖中臭氧杀菌的剂量一般为每立方米水用1～2克，臭氧浓度为0.1～0.3毫克/升，处理时间一般为5～10分钟。在臭氧杀菌设施之后，应设置曝气调节池，去除水中残余的臭氧，以确保进入鱼池水中的臭氧低于0.003毫克/升的安全浓度。

3. 人工生态系统

它类似自然沼泽地，但由人工建造和控制，是一种人为地将石、沙、土壤、煤渣等一种或几种介质按一定比例构成基质，并有选择性地植入植物的水处理生态系统。人工生态系统的主要组成部分为人工基质、水生植物、微生物。对水体的净化效果是人工基质、水生植物和微生物共同作用的结果。人工生态系统按水体在其中的流动方式，可分为两种类型：表面流人工生态系统和潜流型人工生态系统。人工生态系统净化包含了物理、化学、生物等净化过程。当富营养化水流过人工湿地时，沙石、土壤具有物理过滤功能，可以对水体中的悬浮物进行截流过滤；沙石、土壤又是细菌的载体，可以对水体中的营养盐进行消化吸收和分解；湿地植物可以吸收水体中的营养盐，根据微生态环境，也可以使水质得到净化。

四、养殖尾水处理

我国水产养殖业基本上以直排污的池塘养殖为主，基础设施老化，自然生态系统中的食物链在养殖过程中频遭破坏，残饵、排泄物、死亡残体等大量有机物失去了被其他生物利用的机会，养殖水域生态功能退化，病害日趋严重，形势令人堪忧。传统的水产养殖业是弱势产业，是不可控的，属于线性经济。是以消耗自然资源（水资源）、污染环境为代价换来的，在今后文明生产浪潮的冲击下是难以立足的。

一般来说，养殖引起的水体生态功能退化与工业引起的水体生态功能退化有明显的不同。养殖引起水体中含有腐殖质、藻类等富含氮、磷的天然有机物，而工业污染引起水体富含许多人工合成的有毒有机化合物（表5-1）。所以养殖水体的修复技术不同于工业污水的修复技术，在净化上可采用生态、物化等技术手段来达到目的。

表5-1　养殖引起的有机物污染物与工业引起的有毒有机污染物比较

养殖污染	工业污染
天然有机物，只有10～20种	绝大部分是人工合成，有几千种
在水环境中足量存在时才产生不利影响	在水环境中存在很少就可产生有害影响
常以溶解态被迁移	常吸附在悬浮颗粒或底泥中
在水体中停留时间常等于或小于流动水体停留时间	可在底泥中停留数年之久
多数可被生物降解为无毒化合物	多数转化为另外的有毒化合物，抗生物降解，有较强的生物浓缩效应

生物调控是充分利用养殖水域生态系统中的空生态位，通过引入外源生物的方法来调整养殖水域结构的不足，以达到更好调控与改良水质的目的。目前，优化养殖水域生态系统的措

施主要着眼于在水域内通过多种处于不同营养级的养殖种类的合理搭配建立起科学的生物群落，进行多元化立体式生态系统综合养殖，促进养殖水域内的物质循环和能量流通，从而提高水域的利用率、产品产出率和商品率，这样既实现了生态效益，又促进了经济效益的增长。另外，生物调控所引用的生物基本无副作用，有些本身还是经济产品或养殖动物的饵料生物。

为了改变我国水产养殖业以消耗环境资源为代价的生产方式，开发环境友好型生产模式，国内外学者开始在水产养殖生产过程中引入废水处理工艺，以此来控制水质。通过对养殖尾水采用多种生物修复技术，包括生物脱氮技术这种当前应用最广泛的污水脱氮技术，结合池塘工程改造手段，构建一种"资源消费—产品—再生资源"循环物质流动养殖模式，通过将系统分为多个功能不同的养殖净化模块，将某一模块排放出的尾水作为另一模块的物质资源来利用，不断提高养殖尾水的净化效果，进而达到水资源循环使用、营养物质多级利用的目的，实现淡水池塘养殖尾水"零污染"的目标。

1. 尾水汇集区

尾水汇集区用于整个循环系统养殖尾水的汇集，一般池深较深，汇集来的尾水中富含大量的浮游生物及有机碎屑，可在其中投放白鲢、花鲢、匙吻鲟等滤食性鱼类。滤食性动物以外界进入体内的水流带来的食物为营养，利用滤食性生物净化水质主要是根据Shapiro等提出的生物控制原理，通过高营养级生物滤食水体中的浮游植物和浮游动物，从而间接降低水体中的营养盐含量。此区域放养滤食性鱼类考虑其活动能力强，滤食量大，一方面可直接消耗水体中过剩的藻类，另一方面可消耗利用水体中其他浮游生物，从而降低水体的氮、磷总含量，达到水体修复的目的，同时像匙吻鲟等经济价值较高，可以达到"以鱼控藻、以鱼减污、以鱼养水"的目的。

2. 湿地净化区

湿地净化区是一个综合的生态系统（彩图5-10），是由人工建造和控制运行的与沼泽等类似的水面，它应用生态系统中物种共生、物质循环再生原理，在促进废水中污染物质良性循环的前提下，获得尾水处理与资源化的最佳效益。本区域设置净化效能好的多种净化生物共同作用。湿地净化区基本结构是：表层净化区，位于湿地上游，占净化区总面积的15%。挺水植物、浮水或浮叶水生植物各半，挺水植物有荷花、芦苇、菖蒲、茭白等，浮水或浮叶水生植物有菱、睡莲、芡实、浮萍、水蕹菜等；中层净化区，位于湿地下游，占净化区总面积的45%。种植沉水性水生植物，种类有苦草、轮叶黑藻、伊乐藻、黄丝草、菹草或水生蔬菜等。底层净化区，位于净化塘中游，占净化区总面积的40%。放养蚌类和螺类，每亩放养河蚌、螺蛳各500千克。水生维管束植物介于水、泥、气之间，是水体生态系统物质循环的重要环节，也是沉积物、水体、大气之间物质交换的重要途径，能向基质环境释放大量糖类、醇类和酸性分泌物，促进微生物活性。水生植物吸收水体和沉积物中的营养盐，很大程度上对水质也有直接的净化作用，同时水生植物的化感作用也能抑制某些藻类繁殖。放养河蚌等不仅完善水环境中的生物，也是利用滤食性动物控制藻类生物量、吸收重金属等特性来实现水质净化目标。在湿地净化区中，水草、水生蔬菜及底栖经济贝类定期收获，可有效输出系统中的营养物质，避免了二次污染。同时为了有效利用净化湿地中的天然饵料水草和螺蛳等，避免高温季节大量繁殖、死亡、腐败而导致水质急剧恶化，可亩放青虾苗5000尾、蟹种50只、鳜鱼20尾，充分利用多余的天然饵料资源，开展自然增养殖，促进营养物质向经济水产品转化。

3. 生态沟渠

生态沟渠是利用进排水渠道构建的一种生态净化系统（彩图5-11），由多种动植物组成，具有净化水体和生产功能。生态沟渠工程主要包括沟渠渠体、生态拦截坝、拦水节制闸坝及透水坝设计，生态沟渠能减缓流速，促进颗粒物质的沉淀，有利于构建植物对沟壁、水体和沟底溢出营养物的立体吸收和拦截。生态沟渠的生物布置方式一般是在渠道底部种植沉水植物、放养贝类等，在渠道周边种植挺水植物，在开阔水面放置生物浮床、种植浮水植物，在水体中放养滤食性、杂食性水生动物，在渠壁和浅水区布置生物填料（如立体生物填料、人工水草、生物刷、聚乙烯网格基质等），增殖或人工接种EM菌及着生藻类（如毛枝藻、鞘藻、丝藻、水棉、水网藻和舟形藻等），可对水体进行净化复氧处理。固着在基质上的EM菌和藻类不仅继续吸收水中氮、磷等营养物质，而且释放大量氧气，使尾水溶解氧偏低的状况得到显著改善，生态沟渠能起到氮、磷初级拦截的效果，大中型水产养殖场可根据需要因地制宜，等高开沟，保证水流平缓，延长滞留时间，提高拦截效率，加强净化效果。

4. 潜流坝及净水汇集区

潜流坝（彩图5-12）建造的目的一方面是将湿地净化区和净水汇集区水面分割成2块以便于管理，另一方面使水体中悬浮物质得到过滤。潜流坝总的形体像一座廊道，坝主体用多孔红砖竖立砌成，两边堆积麦饭石和活性炭等吸附材料，过滤汇集净化后的水，使水体中各种有机碎屑、浮游生物等进一步过滤掉。活性炭主要用来将某些有机化合物吸附而达到去除效果，能有效地去除水质中的有害物质、臭味及色素等，使水质获得迅速的改善。麦饭石是一种天然的药物矿石，麦饭石对某些病毒和有害微生物、重金属元素、有机物质具有一定的净化能力，特别是对大肠杆菌的吸附率较大。

　　净水汇集区用来汇集净化处理过的水，为养殖池塘提供清洁水源，汇集区池深较深，仅投放极少量螺蛳。通过管道来调节取水部位，当春季、秋季气温较低时，取水口可以移至水体的表层，以提高供水水温。夏季的取水口可以移至水体的中层，以降低供水水温，始终保持给养殖池塘提供良好的水质和较适宜的水温。

5. 净化湿地面积配比

　　净化湿地在整个水处理系统中起着至关重要的作用，决定了整个循环系统对养殖尾水污染物降解吸收的效能。净化湿地面积与养殖池塘面积的比例是生态水处理养殖系统设计构建中首先遇到的一个重要问题。净化湿地（包括生态沟渠等）在生态循环水处理系统内所占的面积比例取决于养殖品种、养殖密度、湿地结构等诸多因素。池塘中物质能量流动多种多样，有氮循环、碳循环、硫循环、磷循环等。氮是构成生物体蛋白质的主要元素之一，水中氮化合物主要包括有机氮和无机氮两大类。水产养殖活动投喂的饲料经过养殖生物的消化、吸收和排泄，在微生物的作用下，水体中会产生一定浓度的氨氮、亚硝酸盐和硝酸盐。池塘中的氮循环主要通过氨化菌的氨化作用、亚硝化菌的亚硝化作用、硝化菌的硝化作用和反硝化菌的反硝化作用来完成，氮污染使得水体生物多样性下降，所以池塘养殖尾水排放标准中氮物质（如总氮、氨氮）也是重要监测指标。拟通过池塘中氮物质的循环流动来测算确定池塘生态循环水处理养殖系统中较为合理的净化湿地面积比例。按照氮物质的循环流动转换，养殖净产量可以用以下公式表示：

$$Y=LN\div(R\cdot SN-FN) \tag{1}$$

　　式中，Y表示亩净产（千克）；LN表示滞留养殖塘中每亩的氮（千克）；R表示饵料系数；SN表示饲料含氮百分比；FN表示养殖产品含氮百分比。

池塘中氮的变化主要受外源性饵料结构的影响，投入的饵料中的氮除部分转化为养殖产品的氮外，其余的氮基本全部滞留在池塘中，滞留在池塘中的氮一部分溶解到养殖水体中，或被水体中的浮游生物转化利用，一部分沉积或被底泥吸附。底泥对氮的吸附、分解与释放是一个非常复杂的过程，含氮有机物降解与转化的场所主要在泥水界面层。由于泥水界面层在整个养殖期是随饵料、有机物时时更新的，是一个动态的场所，只能粗略估计滞留在池塘中的氮约有一半被底泥吸附沉积或反硝化进入空气，另一半即为池塘养殖水体中的氮，其受到排放标准限量浓度限制，与净化塘亩氮净化量及净化面积占养殖面积百分比等因素有关。

$$TN=LN\times50\%-(CN\times CP)\leq BN\cdot V$$
$$LN=(CN\cdot CP+BN\cdot V)\times2 \qquad (2)$$

式中，TN 表示每亩养殖水体中的含氮总量（千克）；LN 表示滞留养殖塘中每亩的氮（千克），约有50%进入养殖水体；CN 表示每亩净化塘每年对氮的吸收量（千克）；CP 表示净化面积占养殖面积百分比；BN 表示池塘养殖尾水排放标准限量（毫克/升）；V 表示每亩池塘水体体积（立方米）。

将（2）代入（1），本循环水养殖系统的养殖容量以下列数式估算：

$$Y=(CN\cdot CP+BN\cdot V)\times2\div(R\cdot SN-FN)$$

根据江苏省地方标准《太湖流域池塘养殖水排放标准》DB32/T 1705—2018，一级排放标准限量 BN 为2毫克/升，池塘水深约为1.5米，$BN\cdot V=2$ 毫克/升 $\times1.5$ 米 $\times666$ 平方米$=2$ 千克，代入结果可得以下公式：

$$Y=(CN\cdot CP+2)\times2\div(R\cdot SN-FN)$$
$$CP=(LN\times50\%-2)\div CN$$

Y 是指在本池塘循环水养殖系统中，满足养殖的水生动物一直处于舒适的水质环境、养殖过程中对水环境不产生污染或污染较轻、养殖尾水达标排放等条件的单位养殖最大亩净产量。CP是指建造能达到江苏太湖流域一级排放标准的池塘生态循环水处理养殖系统所需的净化池塘面积占养殖池塘面积的比例。

6. 生态浮床

生态浮床（彩图5-13）是以水生植物为主体，运用无土栽培技术原理，以高分子材料等为载体和基质，应用物种间共生关系和充分利用水体空间生态位和营养生态位的原则，建立高效的人工生态系统，以削减水体中的污染负荷。即把特制的轻型生物载体按不同的设计要求，拼接、组合、搭建成所需要的面积或几何形状，放入受损水体中，将经过筛选、驯化的吸收水中有机污染物功能较强的水生（陆生）植物，植入预置好的漂浮载体种植槽内，让植物在类似无土栽培的环境下生长，植物根系自然延伸并悬浮于水体中，吸附、吸收水中的氨、氮、磷等有机污染物质，为水体中的鱼虾、昆虫和微生物提供生存和附着的条件，同时释放出抑制藻类生长的化合物。在植物、动物、昆虫及微生物的共同作用下使环境水质得以净化，达到修复和重建水体生态系统的目的。

自德国BESTMAN公司开发出第一个人工浮床之后，以日本为代表的国家和地区成功地将人工浮床应用于地表水体的污染治理和生态修复。近年来，我国的人工浮床技术开发及应用正好处于快速发展时期。研究与应用结果表明，在藻化严重的富营养化水体致力于修复过程中，采用人工浮床作为先锋技术可以使得一部分水生动物得到自然恢复或在人工协助下恢复。生态浮床类型多种多样，通常按其功能主要分为消浪型、水质净化型和提供栖息地型三类，浮床的外观形状有正方形、三角形、长方形、圆形等多种，其最大的优点就是直接利用水体水面面积，不另外占地。

生态浮床的净化作用原理：一方面，利用表面积很大的植物根系在水中形成浓密的网，吸附水体中大量的悬浮物，并逐渐在植物根系表面形成生物膜，膜中微生物吞噬和代谢水中的污染物成为无机物，使其成为植物的营养物质，通过光合作用转化为植物细胞的成分，促进其生长，最后通过收割浮岛植物和捕获鱼虾减少水中营养盐；另一方面，浮岛通过遮挡阳光抑制藻类的光合作用，减少浮游植物生长量，通过接触沉淀作用促使浮游植物沉降，有效防止"水华"发生，提高水体的透明度，其作用相对于前者更为明显，同时浮岛上的植物可供鸟类栖息，下部植物根系形成鱼类和水生昆虫生息环境。

生态浮床技术较其他水体修复技术有明显的优越性。

① 充分利用水域面积，将景观设计与水体修复相结合。

② 可选作的浮床植物的种类较多，载体材料来源广，成本低，多用抗氧化材质，无污染，耐腐蚀，经久耐用。

③ 浮床的浮体结构新颖，形状变化多样，易于制作和搬运，不受水位限制，不会造成河道淤积。

④ 生态浮床管理方便，只需要定期清理维护，极大程度上减少了人工资源，降低了维护成本和设备的运行费及保养费。

7. 生态护坡

生态护坡（彩图5-14）是综合利用工程力学、土壤学、生态学和植物学等学科的基本知识对斜坡或边坡进行支护，形成由植物或工程和植物组成的综合护坡系统的护坡技术。开挖边坡形成以后，通过种植植物，利用植物与岩、土的相互作用（根系锚固作用）对边坡表层进行防护、加固，使之既能满足对边坡表层稳定的要求，又能恢复被破坏的自然生态环境的护坡方式，是一种有效的护坡、固坡手段。生态护坡是开放式的系统，它是与周围生态系统密切联系的，不断与周围生态系统进行物质交换。生态护坡是动态平衡的系统，系统内的生物之间存在着复杂的食物链，它们互为食物，保持着系统的动态平衡。生态护坡是整个生态系统（包括自然生态系统和社会生态系统）的一个子系统，它与其他生态系统之间是相互协调、协同发展的，它的生态功能好坏直接影响其他生态子系统功能的发挥，甚至还会破坏其他生态系统，生态护坡也是可持续发展的系统。生态护坡主要通过边坡的渗滤作用和植物的净化吸收作用去除养殖水体中的氮、磷等营养物质，达到净化水体的目的。

第六章

鳖的营养需求

- 第一节　鳖对蛋白质的营养需求
- 第二节　鳖对碳水化合物的营养需求
- 第三节　鳖对脂肪的营养需求
- 第四节　鳖对维生素的营养需求
- 第五节　鳖对矿物质的营养需求

　　鳖以其营养价值、药用价值高和味美等特点走俏国内外市场，受到广大消费者青睐。与所有养殖动物一样，鳖也需要蛋白质、脂肪、碳水化合物、维生素、矿物质等营养要素来维持其正常的生长需求，这些营养物质在体内主要用于供给能量、构造机体及用于生理功能的调节，不同类型的营养物质在体内所起的作用也不尽相同。鳖属两栖爬行动物，它区别于鱼类和陆生动物，鳖对各种营养物质的利用上也同样区别于鱼类等动物，因此，鳖的营养需求不同于鱼。如鳖对蛋白质和脂肪的需求比鱼类高，在能量的供给上，陆生动物首先消化碳水化合物供给能量，其次是蛋白质，而鳖则首先消化脂肪供给能量，其次是蛋白质和碳水化合物，鳖对淀粉的利用率很低。在对无机盐的需求上也有别于鱼类等动物。

第一节

鳖对蛋白质的营养需求

一、什么是蛋白质

　　蛋白质是组成一切细胞、组织的重要成分。机体所有重要的组成部分都需要有蛋白质的参与，蛋白质最重要的还是其与生命现象有关。蛋白质是生命的物质基础，是有机大分子，是构成细胞的基本有机物，是生命活动的主要承担者。没有蛋白质就没有生命。氨基酸是蛋白质的基本组成单位，它是与生命及与各种形式的生命活动紧密联系在一起的物质。机体中的每一个细胞和所有重要组成部分都有蛋白质参与。

　　蛋白质是一种复杂的有机化合物，氨基酸是组成蛋白质的基本单位，氨基酸通过脱水缩合连成肽链。蛋白质是由一条或多条多肽链组成的生物大分子，每一条多肽链有20个至数百个氨基酸残基（—R）；各种氨基酸残基按一定的顺序排列。蛋白质的氨基酸序列是由对应基因所编码。除了遗传密码所编码的20种基本氨基酸外，在蛋白质中，某些氨基酸残基还可以被翻译后修饰而发生化学结构的变化，从而对蛋白质进行激活或调控。多个蛋白质通过结合在一起形成稳定的蛋白质复合物，折叠或螺旋构成一定的空间结构，从而发挥某一特定功能。合成多肽的细胞器是细胞质中糙面型内质网上的核糖体。蛋白质的不同在于其氨基酸的种类、数目、排列顺序和肽链空间结构的不同。

二、蛋白质的作用与需求

　　蛋白质对鳖的生长发育至关重要，是构成鳖的重要组成成分，鳖通过从食物中获取蛋白质将其分解为多种氨基酸吸收，然后通过一系列生命活动，将其合成为机体所需的各种蛋白质，鳖对食物中蛋白质含量的需求非常高，如果蛋白质含量不足会严重制约鳖的生长繁殖，鳖对蛋白质的需求一般是 稚幼期高，随着个体的长大，需要量逐渐减少，并受到蛋白质质量、原料粒度、水质条件等多种因素影响。据日本学者川崎义一、我国水产界专家吴遵霖、徐旭阳、程伶等多位研究人员研究结论得知，在28 ～ 30℃水温条件下，稚鳖蛋白质需要量为50%；幼鳖（50.77 ～ 61.90克）在水温21.5 ～ 31.5℃条件下，最适饲料蛋白质含量为47.32% ～ 49.16%；成鳖（117.66 ～ 151.67克）在水温28 ～ 34℃条件下，最适蛋白质水平为43.32% ～ 45.05%，一般认为稚鳖年龄小，生长代谢旺盛，所需蛋白质的含量就高，所以稚鳖蛋白质需求高于成鳖。多种研究表明鳖适宜的饲料蛋白质含量，稚鳖为50%左右，幼鳖为45%左右，成鳖为40%左右，当蛋白质水平达到一定限度以后，增加蛋白质水平不仅不能提高鳖的生长速度，反而会影响其正常生长，降低鳖的增重率和饲料效率。

　　鳖对动物性蛋白质利用能力强，对植物性蛋白质利用能力弱，试验表明，在粗蛋白质相同的条件下，逐步用豆饼替代鱼粉作为蛋白源，随着豆饼比例的不断增加，鳖的增重率和饲料利用率逐步降低，生长受到抑制。当动物性、植物性蛋白质比例为（6.0～6.5）：1时，其饲养效果和诱食效果都很好，鳖对动物性蛋白质的需求比例远高于植物性蛋白质。鳖对植物性蛋白质有一定忍受范围，含量在15%以内，鳖正常摄食，生长良好；超过15%时，生长受阻；30%以上时，表现严重不适，摄食量减少乃至停止摄食。动物性蛋白质饲料中，以白鱼粉效果最佳，白鱼粉氨基酸组成全面、合理，其腥味对鳖有引诱和促进摄食作用。

影响鳖对蛋白质需求的因素有很多，如个体年龄和发育阶段不同，个体越小，代谢越旺盛，其对蛋白质的需求就越高。饲料中氨基酸数量和比例合适，才能最大限度地利用合成鳖身体的蛋白质，否则会形成浪费。当然其他如脂肪和碳水化合物的比例及饲料中的添加剂等，都会直接影响饲料中蛋白质的吸收。

三、不同养殖模式下鳖对蛋白质的需求

不同的养殖模式、养殖目的及养殖环境，都会影响饲料蛋白质的需求量，如养殖环境中天然饵料较多，可以适当降低饲料蛋白质；生态养殖或者观赏养殖，不需要鳖生长很快；而着重注意保持品质时，也可以不必保持饲料中非常高的蛋白质含量；只有控温养殖，追求较快的生长速度和较高的增重率时，则饲料中蛋白质水平需求则要高一些。过高的蛋白质水平容易造成养殖鳖脂肪肝等疾病的发生，所以在养殖模式及蛋白质水平上要注意相互平衡和制约。

（1）仿野生养殖模式 不投喂配合饲料，这就要以天然饵料为主，植物性饲料为辅。天然饵料有蚯蚓、蝇蛆、野杂鱼、低值鱼及螺蚌肉等，植物性饲料有瓜果蔬菜、水生植物等。动物性、植物性饲料搭配比例为9：1，该模式养殖的鳖口味与品

质基本和野生鳖相当。

（2）生态养殖模式　以配合饲料为主，天然动物性、植物性饲料为辅，在外塘开展生态养殖，其天然动物性、植物性饵料比例越高，鳖风味与品质就越好。

（3）控温养殖模式　主要以配合饲料为主的养殖模式，养殖周期短，产量高，生长速度快，但鳖的健康和品质问题难以解决。

四、鳖体内氨基酸的组成

一般认为养殖品种对于蛋白质的需求实际是对于必需氨基酸的需求，因此对于影响饲养效果的主要条件不单单是蛋白质含量的高低，而是必需氨基酸组成是否匹配养殖生物的营养需求，根据鳖氨基酸的比例，配合饲料中氨基酸的组成比例与鳖自身或肌肉氨基酸的组成比例越接近，养殖效果会更好（表6-1）。

表6-1　鳖机体氨基酸组成（占干物质）（汤峥嵘，1998）

氨基酸		稚鳖	1龄鳖	2龄鳖	3龄鳖	平均
必需氨基酸	苏氨酸/%	4.46	3.95	4.09	4.51	4.25
	缬氨酸/%	4.84	4.36	4.66	5.09	4.74
	蛋氨酸/%	3.30	3.15	3.43	3.68	3.39
	苯丙氨酸/%	4.96	4.40	4.72	5.16	4.81
	异亮氨酸/%	4.80	4.36	4.71	5.29	4.79
	亮氨酸/%	8.35	7.54	8.02	8.78	8.17
	赖氨酸/%	8.14	6.33	6.98	8.27	7.43
	组氨酸/%	2.92	2.51	2.72	3.42	2.89
	精氨酸/%	6.57	5.34	5.55	6.70	6.04
合计/%		48.34	41.94	44.88	50.9	46.5

	氨基酸	稚鳖	1龄鳖	2龄鳖	3龄鳖	平均
	天冬氨酸/%	9.36	8.47	8.89	9.99	9.2
	丝氨酸/%	3.81	3.41	3.51	3.87	3.65
	谷氨酸/%	15.34	13.95	14.82	16.49	15.15
非必需氨基酸	甘氨酸/%	5.82	4.52	5.16	5.64	5.29
	丙氨酸/%	5.77	5.01	5.4	5.97	5.54
	脯氨酸/%	1.98	1.26	1.86	2.58	1.92
	胱氨酸/%	0.86	0.34	0.33		0.51
	酪氨酸/%	3.47	3.00	3.18	3.59	3.31
	鸟氨酸/%			0.24		0.24

为了平衡饲料中氨基酸，可以通过多种饲料合理搭配的方式，相互补充，因为各种饲料原料中的氨基酸组成各不相同，比如可将鱼粉与豆粕、花生粕按比例搭配，弥补各自的不足。同时可以通过在饲料中添加合成氨基酸，来提高饲料蛋白质利用率，降低饲料成本。相关研究表明，饲料中添加赖氨酸能提高饲料利用率，提高鳖的特定生长率，目前在饲料中添加赖氨酸、蛋氨酸等已十分普遍。

第二节

鳖对碳水化合物的营养需求

一、什么是碳水化合物

碳水化合物是由碳、氢和氧三种元素组成，由于它所含的氢氧的比例为2∶1，和水一样，故称为碳水化合物。它是为机体提供热能的三种主要的营养素中最廉价的营养素。食物中的碳水化合物分成两类：可以吸收利用的有效碳水化合物（如单糖、双糖、多糖）和不能消化的无效碳水化合物（如纤维素），是人体必需的物质。糖类化合物是一切生物体维持生命活动所需能量的主要来源。它不仅是营养物质，而且有些还具有特殊的生理活性。例如：肝脏中的肝素有抗凝血作用；血液中的糖与免疫活性有关。此外，核酸的组成成分中也含有糖类化合物——核糖和脱氧核糖。因此，糖类化合物对医学来说，具有更重要的意义。碳水化合物是自然界存在最多、具有广谱化学结构和生物功能的有机化合物，可用通式$C_x(H_2O)_y$来表示。有单糖、寡糖、淀粉、半纤维素、纤维素、复合多糖，以及糖的衍生物。碳水化合物主要由绿色植物经光合作用而形成，是光合作用的初期产物。从化学结构特征来说，它是含有多羟基的醛类或酮类的化合物或经水解转化成为多羟基醛类或酮类的化合物。例如葡萄糖，含有一个醛基、六个碳原子，叫己醛糖。果糖则含有一个酮基、六个碳原子，叫己酮糖。碳水化合物与蛋白质、脂肪同为生物界三大基础物质，为生物的生长、运动、繁殖提供主要能源，是必不可少的重要物质之一。

二、鳖对碳水化合物利用的特点

鳖对低分子糖类消化吸收要高于高分子糖类，而对纤维素几乎不吸收。鳖饲料中碳水化合物的需求量一般不超过30%，说明鳖对碳水化合物利用能力较差。鳖对碳水化合物的需求是有限度的，饲料中碳水化合物含量过高，鳖容易出现高糖原肝症状。且当饲料中碳水化合物含量超过适宜限度后，随着碳水化合物的增加，鳖的增重率和蛋白质效率开始下降。所以在鳖饲料中合理地添加碳水化合物能提高蛋白质效率，加速鳖的生长，降低饲料成本。

三、鳖对碳水化合物的需求

鳖饲料中的碳水化合物主要是淀粉和纤维素，能给鳖提供充足的能量，一部分被机体分解为水和二氧化碳后为机体提供能源，另一部分在肝脏和肌肉中合成糖原，在需要时能供机体分解释放能量，如果机体内糖原过多会转化为脂肪储存。同时碳水化合物也是机体的重要组成部分（如细胞中的单糖），充足的碳水化合物能避免鳖机体内的蛋白质和脂肪过多分解利用。鳖饲料中的淀粉不仅能够直接被分解成为单糖直接吸收利用，同时也是一种非常常用的黏合剂。而纤维素虽然不能被机体直接吸收利用，但其能控制营养物质在机体内的消化吸收速度。

碳水化合物不仅可供给能量，还可用作饲料黏合剂。川崎义一（1986）研究碳水化合物发现，在碳水化合物 α-淀粉、糊精、蔗糖、纤维素中，鳖对 α-淀粉的利用效果最好，增肉率以α-淀粉为20%的添加量最高，饲料效率以 α-淀粉为30%的添加量最高。徐旭阳等（1991）报道，成鳖对 α-淀粉的适宜需要量为22.73% ～ 25.27%，纤维素添加量应小于10%，幼鳖对碳水化合物需求量略低于成鳖。鳖对碳水化合物的利用能力不高，一般消化率在65%左右，所以鳖饲料中的碳水化合物含量一般在20% ～ 28%为宜，适当的碳水化合物能够提高鳖对蛋白质的利用，提高饲料转化率，促进其生长发育。饲料中粗纤维的含量在5%左右，能有助于刺激鳖消化酶的分泌，促进肠道蠕动和蛋白质的吸收。

第三节

鳖对脂肪的营养需求

一、什么是脂肪

脂类是油、脂肪、类脂的总称。食物中的油脂主要是油和脂肪，一般把常温下是液体的称作油，而把常温下是固体的称作脂肪。脂肪由C、H、O三种元素组成。脂肪是由甘油和脂肪酸组成的三酰甘油酯，其中甘油的分子比较简单，而脂肪酸的种类和长短却不相同。脂肪酸分三大类：饱和脂肪酸、单不饱和脂肪酸、多不饱和脂肪酸。多不饱和脂肪酸是指含有两个或者两个以上双键且碳链长度为18～22个碳原子的直链脂肪酸。脂肪可溶于多数有机溶剂，但不溶解于水，是一种或一种以上脂肪酸的甘油酯。脂肪是重要的能量和必需脂肪酸来源，同时还是脂溶性维生素的载体，其中的磷脂在细胞膜结构中起重要作用，而胆固醇是各种类固醇激素的前体，具有重要的生理作用。一般认为不饱和脂肪酸是动物的必需脂肪酸。

二、鳖对脂肪利用的特点

鳖对脂肪的消化吸收率较高，鳖对饲料中脂肪的消化率达80%，所以在饲料中添加适量脂肪可以减少其他蛋白鱼粉添加量，提高饲料利用率。有研究表明，鳖对常温下呈液态的油脂利用率较高，比如鳖对玉米油的利用率高于动物油脂，显示了其对熔点低的脂肪利用率更高。同时要注意其对脂肪酸种类的需求，鳖肌肉中不饱和脂肪酸含量超过70%，但饱和脂肪酸含量不到30%，不饱和脂肪酸含量远远高于饱和脂肪酸含量，所以在饲料中添加脂肪酸要顾及对不饱和脂肪酸的需求量高的特点。油脂在空气中极易被氧化，在鳖饲料中添加油脂时注意不要使用储存时间过久的植物油，添加的植物油要在阴凉处密封保存，同时添加植物油最好现用现加。特别在饲料需要储存时间较长而不是现加现用时，可以在饲料中添加一部分抗氧化剂，减少油脂的氧化反应，且油脂的添加量不宜超过5%，添加油脂以鱼油最好，玉米油和其他植物油次之。同时为了减少氧化油脂对鳖机体的损害，可以加入适量的维生素E。

三、鳖体内脂肪酸的组成

通过对鳖脂肪酸组成的研究，可以为鳖脂肪酸的需求提供必要的参考（表6-2）。

表6-2　鳖脂肪酸组成（王道遵，1998）

项目	1龄鳖	2龄鳖	3龄鳖	温室鳖
肉豆蔻酸/%	3.90	4.19	3.68	3.92
软脂酸/%	17.54	14.73	15.63	15.97
棕榈油酸/%	6.40	5.24	9.46	7.03
硬脂酸/%	6.31	4.68	3.91	4.97
油酸/%	32.43	33.92	41.68	36.01
亚油酸/%	4.49	8.72	4.67	5.96
亚麻酸/%	4.13	6.01	3.62	4.59
花生四烯酸/%	5.52	4.40	2.52	4.15
花生五烯酸/%	7.79	6.94	6.18	6.98
不饱和脂肪酸/%	72.24	77.29	76.77	75.43
高度不饱和脂肪酸/%	33.41	38.12	25.63	32.39

四、鳖对脂肪酸的需求

鳖对能量的需求量比一般水产品高，这是因为鳖为水陆两栖动物，陆上运动比水中运动耗能更多。鳖是排尿酸型动物，在蛋白质分解代谢和排泄中能量损失较多，加之鳖对碳水化合物的消化利用率不高，故在鳖饲料中适当添加油脂非常必要，既可增加能量来源，也可提供鳖所需的脂肪酸，还能改善鳖饲料的适口性。川崎义一（1986）发现含有大量亚油酸的植物性油脂促生长效果最好，配合饲料中添加3%～5%的玉米油可提高饲料效率1.5倍。但在鳖养殖中，特别是高密度养殖中，鳖脂肪肝病发病情况较为严重，所以考虑到养殖健康的角度结合部分研究成果，鳖饲料脂肪的含量以4%～6%为宜，添加不宜过多，适当的添加有益于饲料利用率和生长率的提高。亦有研究表明，鳖对18碳以下的不饱和脂肪酸可以利用其他物质合成，而对于18碳以上的不饱和脂肪酸则不能或者合成能力较低，在饲料中添加DHA和EPA可以改变鳖的风味和品质。

第四节

鳖对维生素的营养需求

一、什么是维生素

维生素通俗来讲，即维持生命的物质。维生素是人和动物为维持正常的生理功能而必须从食物中获得的一类微量有机物质，在生长、代谢、发育过程中发挥着重要的作用。维生素是维持机体健康所必需的一类有机化合物。这类物质在体内既不是构成身体组织的原料，也不是能量的来源，而是一类调节物质，在物质代谢中起重要作用。这类物质由于体内不能合成或合成量不足，所以虽然需要量很少，但必须经常由食物供给。维生素在体内的含量很少，但不可或缺。各种维生素的化学结构及性质不同，维生素的定义中要求维生素满足以下4个特点，才可以称之为必需维生素。

外源性：自身不可合成，需要通过食物补充。

微量性：所需量很少，但是可以发挥巨大作用。

调节性：维生素必须能够调节新陈代谢或能量转变。

特异性：缺乏了某种维生素后，将呈现特有的病态。

维生素是分子量很小的有机化合物，分为脂溶性维生素和水溶性维生素。

维生素是个庞大的家族，是分子量很小的有机化合物，现阶段所知的维生素就有几十种，分为脂溶性维生素和水溶性维生素。绝大多数维生素是辅酶和辅基的基本成分，它参与动物体内生化反应及各种新陈代谢。动物体内缺乏维生素便引起某些酶的活性失调，导致新陈代谢紊乱，也会影响生物体内某些器官的正常功能。鳖维生素缺乏时，生长缓慢，同时还有出现各种疾病的可能。

二、维生素的作用

维生素的发现是19世纪的伟大发现之一。1897年，艾克曼在爪哇发现只吃精磨的白米即可患脚气病，未经碾磨的糙米能治疗这种病。并发现可治脚气病的物质能用水或酒精提取，当时称这种物质为"水溶性B"。1906年证明食物中含有除蛋白质、脂类、碳水化合物、无机盐和水以外的"辅助因素"，其量很小，但为动物生长所必需。各类维生素的作用如下。

维生素A，多存在于鱼肝油、动物肝脏、绿色蔬菜中，缺少维生素A易患夜盲症。维生素A是细胞代谢和亚细胞结构的重要成分，有促进生长发育、维护骨骼健康及提高抵抗力的作用。

维生素B_1，多存在于酵母、谷物、肝脏、大豆、肉类中。其具有维护神经系统、消化系统、循环系统和促进机体发育的功能。

维生素B_2，缺少维生素B_2易患口舌炎症（口腔溃疡）等。其具有促进蛋白质、脂肪、糖类代谢，促进生长和保持皮肤及黏膜完整的作用。

维生素PP，多存在于菸碱酸、尼古丁酸、酵母、谷物、肝脏、米糠中。

维生素B_4，在蛋类、动物的脑、啤酒酵母、麦芽、大豆卵磷脂中含量较高。

维生素 B_5，多存在于酵母、谷物、肝脏、蔬菜中。具有抗应激、抗寒冷、抗感染、防止某些抗生素的毒性的作用。

维生素 B_6，多存在于酵母、谷物、肝脏、蛋类、乳制品中。具有抑制呕吐、促进发育等功能。

生物素，也被称为维生素H或辅酶R，水溶性。多存在于酵母、肝脏、谷物中。

维生素 B_9（叶酸），水溶性。也被称为蝶酰谷氨酸、蝶酸单麸胺酸、维生素M或叶精。多存在于蔬菜叶、肝脏中。

维生素 B_{12}，多存在于肝脏、鱼肉、肉类、蛋类中。其也是红细胞生成不可缺少的重要元素，如果严重缺乏，将导致恶性贫血。

肌醇，水溶性，多存在于心脏、肉类中。

维生素C（抗坏血酸），水溶性。多存在于新鲜蔬菜、水果中。具有提高机体耐缺氧能力，抵抗细菌和病毒侵染，提高受精率和孵化率，减少死亡的作用。

维生素D（钙化醇），脂溶性。这是唯一一种人体可以少量合成的维生素。多存在于鱼肝油、蛋黄、乳制品、酵母中。

维生素E（生育酚），脂溶性。多存在于鸡蛋、肝脏、鱼类、植物油中，有"护卫使"之称。在身体内具有良好的抗氧化性，即降低细胞老化，保持红细胞的完整性，促进细胞合成，抗污染，抗不孕。

维生素K（萘醌类），脂溶性。主要有天然的来自植物的维生素 K_1、来自动物的维生素 K_2 及人工合成的维生素 K_3 和维生素 K_4，又被称为凝血维生素。多存在于菠菜、苜蓿、白菜、肝脏中。

三、鳖体内维生素的组成

鳖体内维生素组成见表6-3。

表6-3　鳖体内维生素组成（杨公明等，2003）　单位：毫克/100克

种类	鳖			
	肌肉	卵	肝	全粉
维生素A	0.21	1.47	90.24	0.91
维生素B₁	2.7	8.99	3.13	0.07
维生素B₂	1.2	5.12	3.31	0.73
维生素B₆				155
维生素B₁₂				5.7
维生素C	6.6			
胆碱				0.14
维生素E	4.08	113.66	20.76	53
烟酸				5.73
叶酸				0.13
泛酸				0.75
生物素				12.5
肌醇				0.1
维生素D₃	0.021	0.147	0.21	20.25

四、鳖对维生素的需求

鳖对各类维生素的需求极少，但其绝大多数由于不能在鳖体内合成，也不易长时间储存在鳖组织中，所以鳖所需的维生素需要从外源性饲料饵料中获得，其是鳖正长不可或缺的组成部分。鳖在不同生长阶段维生素需求也不尽相同，一般来说幼体阶段要高于成体阶段。有研究表明，稚鳖不能自身合成维生素C，而体重为776克的雄鳖肾组织合成维生素C能力最大。稚鳖时期由于骨骼生长快，对维生素D的需求就大，在繁殖阶段，则因为性腺发育的需要，对维生素E、维生素B₁、维生素B₂需求量增大。同时不同性别、生理阶段、养殖方式、饲料添加剂

对维生素的需求也是有差异的，如鳖生病时由于合成维生素C的能力下降，此时需要有意识地添加维生素C。饲料营养成分中蛋白质含量增加，维生素B_6需要相应增加；脂肪含量增加，维生素E含量需要增加；碳水化合物含量增加，维生素B_1含量需要增加。维生素之间也会起到相互影响甚至相互制约的作用，如维生素C过多会破坏维生素B_{12}，胆碱会降低其他维生素的活性，维生素E对维生素A具有保护作用。所以整个养殖阶段维生素适宜的需求量和添加量是一个非常复杂的工作，想做到最经济合理，还需要更进一步的试验研究。

目前国内大型鳖饲料生产企业，都能严格地根据鳖的不同生长阶段配比相应的维生素及矿物质，但该配方是基于鳖正常生长阶段所设定的，若鳖处于应激及发病状态，机体会消耗更多的营养物质，包括维生素及矿物质，在这种情况下，如不及时补充，鳖在后期的生长过程中会表现出缺乏症状。

缺乏维生素A：白内障、眼睛出血；表皮及肾脏出血、腹水。

缺乏维生素D（极少缺乏）：生长缓慢，背甲隆起，裙边窄。

缺乏维生素E（不易缺乏）：稚鳖容易患真菌病，亲鳖繁殖力下降，产卵量减少；成鳖肌肉营养不良，蛋白质含量少，风味下降，肉质差。

缺乏B族维生素（极易缺乏）：消化不良，食欲差；贫血；容易出现腐皮、疖疮，伤口难愈合。

鳖维生素缺乏时生长缓慢，形成代谢障碍，影响正常的生理功能，并出现各种疾病。川崎义一（1986）报道，从生长率的角度看，维生素B_6、烟酸、维生素B_{12}缺乏时，鳖生长发育不良，食欲减退、瘦弱、繁殖力下降。邵庆均对中华鳖幼鳖生长和组织研究发现，幼鳖饲料中维生素C添加量为184毫克/千克时，幼鳖生长情况最佳。所以为了促使鳖快速生长，在饲料中添加复合维生素是必不可少的。

第五节
鳖对矿物质的营养需求

一、什么是矿物质

矿物质是地壳中自然存在的化合物或天然元素。又称无机盐，是机体内无机物的总称，是构成机体组织和维持正常生理功能必需的各种元素的总称。它们在体内不能自行合成，必须由外界环境供给，并且在组织的生理作用中发挥重要的功能。矿物质是构成动物骨骼、牙齿的重要成分，也为多种酶的活化剂、辅因子或组成成分，某些具有特殊生理功能物质的组成部分，维持机体的酸碱平衡及组织细胞渗透压，维持神经肌肉兴奋性和细胞膜的通透性。

二、鳖体内矿物质的组成

各种矿物质在机体新陈代谢过程中，每天都有一定量随各种途径（如粪、尿、皮肤及黏膜的脱落）排出体外。因此，必须通过饮食补充。由于某些无机元素在体内，其生理作用剂量带与毒性剂量带距离较小，故过量摄入不仅无益反而有害，特别要注意用量不宜过大（表6-4）。

表6-4　鳖体内矿物质组成（王道遵，1998；陈焕全，1998）

单位：毫克/100克鲜重

测定元素		中华鳖		
		肌肉	背甲	全鳖
常量元素	钾	303	1349	89.66
	钠	252.8	65.9	35.02

测定元素		中华鳖		
		肌肉	背甲	全鳖
常量元素	钙	75.7	21961.3	1479.31
	镁	10.5	28	19.02
	磷	3.15	212.51	999.29
微量元素	铁	36.7	8.8	8.15
	锌	3.32	8.12	4.23
	铜	0.65	0.64	0.18
	硒	0.54	1.5	0.012
	钼	0.37	4.13	0.24
	锰	0.14	0.82	4.2
	铬	0.073	0.628	
	钴			0.043
	硅	8.2	75.11	
	铝	0.57	37.47	
	砷	0.44	4.13	
	铅	0.42	2.51	
	锑	0.23	3.79	
	镍	0.07	1.49	
	锡	0.033	0.74	
	锶	0.005	40.31	
	镉	0.002	0.073	

三、鳖对矿物质的需求

鳖可以从水环境中吸收少量的矿物质，但其不能满足正常的生长发育所需，还需要通过饲料补充部分矿物质。矿物质在鳖饲料配方中所占配比极小，但其对维持鳖正常生长及防病抗病能力乃至保证商品鳖食用时的口感都起着非常重要的作用。鳖所需的矿物质有钙、磷、钾、钠等常量元素和铁、铜、锌、硒等微量元素。矿物质是构成鳖骨骼所必需又是构成细胞组织不可缺少的物质，它参与调节渗透压和酸碱度，参与辅酶代谢作用，参与造血和血色素的形成。鳖不同生长阶段，对矿物质的需求是不同的，在幼体阶段对钙、磷的需求量较高，在成体阶段则低一些，另外各种矿物质由于协同作用、拮抗作用、制约作用等，也存在相互影响的关系，如钙、磷比不适宜时，会降低另一元素的吸收率，其他如高含量的钙可以降低铅的毒性，高含量的锌可以降低动物对铅的耐受性等，矿物质的吸收与作用还与饲料中维生素、蛋白质、脂肪、碳水化合物等的含量相互制约与协同，所以饲料矿物质元素的添加量要综合考虑多方面因素。鳖如缺乏无机盐类，不但影响生长发育，也会引起一些疾病。鳖缺少某些矿物质时，会影响其正常生长。

缺钙（极少缺乏）：骨质疏松；生长缓慢；饲料系数高；死亡率高。

缺磷（极少缺乏）：骨骼钙化；畸形率高、肺肿大；饲料系数高；死亡率高。

缺镁：肌肉松弛；骨骼畸形；摄食差；死亡率高。

缺钠、钾：生长不良，蛋白质利用率下降。

缺铁：贫血症。

缺铜：骨骼生长发育不良。

第七章

鳖饲料种类及投喂技术

- 第一节　鳖饵料的种类
- 第二节　鳖配合饲料的成分与配制
- 第三节　活饵料的培养与获取
- 第四节　鳖饵料投喂方法

要搞好中华鳖的人工养殖，首先要根据中华鳖的食性、饵料种类，因地制宜、多种渠道解决好饵料的来源，并采取科学的投喂方法，满足中华鳖在不同生长阶段的需求，使鳖吃饱吃好，促进生长，减低饵料系数，提高商品鳖的品质，最大限度地发挥中华鳖的养殖经济效益。

中华鳖是以动物性为主的杂食性动物，食谱范围广，其饵料种类多、来源也广。在天然条件下，鳖可食鱼、虾、蛙、蚯蚓、螺、蚌、蚬等，也摄食一些植物性饵料（如瓜、菜、浮萍等）。在人工养殖的情况下，还可摄食配合饲料、动物内脏及饼类、麦类、玉米、大豆、南瓜等。刚孵出的稚鳖其开口饵料以丝蚯蚓、水蚤为佳。

第一节

鳖饵料的种类

中华鳖是杂食性动物，尤喜食动物性饵料。为保证鳖的生长发育需要，应根据其不同发育阶段的营养需求来配制饲料，以达到预期的养殖效果。在人工养殖生产中其饵料一般分为三大类，即动物性饵料、人工配合饲料及植物性饲料。

一、动物性饵料

动物性饵料主要有鱼（彩图7-1）、虾、螺、蚌等贝类，蚯蚓、蝇蛆蚕蛹等昆虫类，水中底栖的小型动物、鱼粉、骨粉、畜禽下脚料及各种动物内脏等。这些饲料的适口性较好，营养全面，蛋白质水平较高，是养殖动物理想的饵料资源。鲜活动物性饲料的优点是营养丰富，适口性好，易消化吸收，在配合饲料为主的养殖过程中添加一定的比例，有改进饲料适口性和促进生长及提高产品质量的作用。如在亲鳖产前添加20%的鲜活淡水小鱼，产蛋量和受精率均高出不添加的12.3%。同样在野外池塘养殖商品鳖，添加15%新鲜鸡肝的鳖生长较不添加的快8%。而在工厂化温室里培育3～50克重的鳖苗时，如在配合饲料中添加10%的鲜鸡蛋，则生长速度可比不添加的提高11%。但动物性饵料由于利用新鲜的原材料，其运输和储存要求较高，不利于长途运输，不利于长期保质保鲜，容易变质，且来源较为单一，常常不能长期定量保障，而且大量的使用新鲜动物性饵料容易造成养殖水质的污染，不符合现行环保及养殖水质的要求，所以在大规模的养殖场中，动物性饵料一般只能辅助性地使用。

二、植物性饲料

植物性饲料主要有豆饼、花生饼、棉粕、菜籽粕等饼类（彩图7-2）和小麦、大豆、玉米、高粱、糠麸及瓜果、蔬菜、浮萍等。植物性饲料由于营养成分含量差异较大，氨基酸含量较少，特别是蛋氨酸和赖氨酸含量很低，单独使用不利于鳖生长，一般用于作配合饲料的配合成分或者与动物性饵料搭配使用。有的植物还有抗病治病的功效，如鲜橘在鳖发生腐皮病后，在投喂药物的同时每天添加干饲料量的15%做辅助治疗，效果比单一的药物治疗提高1倍。再如，在鳖的幼苗阶段，每天添加20%的蒲公英和马齿苋，其发病的概率就要比不添加的低近50%，其在鳖养殖中有着防病治病的特殊意义。

三、人工配合饲料

鳖的配合饲料是根据鳖的食性及不同生长阶段的生理要求，按科学配方把不同来源的饲料，依一定比例均匀混合，并按规定的工艺流程生产的混合饲料。鳖也可以用人工配合饲料（彩图7-3）来饲养，但要求按鳖在不同生长阶段的营养需求选购不同标准的配合饲料。

近年来，关于鳖的配合饲料国内外许多学者开展了大量的研究，相关成果和技术也日趋成熟，也逐渐成功积累了一批鳖的配合饲料配方，随着鳖养殖产业化进程的加快，配合饲料能解决鳖养殖饲料短缺及营养不全面等问题，其应用前景也越来越广泛。

随着鳖人工养殖的发展，鳖的天然饲料因其来源有限，容易腐败变质难以保存，正逐渐被全价配合饲料所取代。鳖全价配合饲料是根据鳖的不同生长发育阶段的营养需求采用近20种原料加工配制而成。由于在当前水产饲料中，鳗鱼配合饲料的营养成分是最高的，同时鳗鱼配合饲料在使用方法上又与鳖饲料相似，因此一些养殖单位就错误地用鳗鱼饲料来代替鳖饲料养殖鳖。另外，有些饲料厂家在不懂鳖营养需求的情况下用鳗鱼配合饲料的配方生产鳖饲料。这种做法不仅会影响鳖的适口性、增大饲料系数，同时还会使鳖发生营养性疾病。

配合饲料是由高蛋白质鱼粉为主原料，与其他干粉原料配合而成的鳖各阶段成品饲料。配合饲料的优点是蛋白质含量较稳定，制作工艺较精细，产品易储存和运输，投喂也较方便，可以工业化生产。缺点是价格太高，约占鳖养殖总成本的38%。配合饲料有以下几种。

1. 配合粉料

优点是应用较方便，易储藏保管，营养较全面。并可在投喂前根据需要添加所需的各种物质。缺点是为了保证饲料的黏合性，需配入很大比例的淀粉和黏合剂，这不但增加了成品饲料的成本，也易给养殖对象造成营养性疾病（如在饲料中因过多的淀粉比例，长期投喂易引起鳖的肥胖病与脂肪肝）。

2. 配合硬颗粒料

优点是可大大降低配方成本，也能减轻养殖成本，硬颗粒饲料应用方便并便于运输储存。但缺点是不能在需要时，灵活有效地添加所需的物质。

3．膨化料

也叫浮性饲料。它是利用很高的压缩比对配合饲料进行挤压，并在挤压过程中进行强力的剪切、揉搓，使配合饲料的温度升高至120～140℃。饲料在压强较大的挤压腔内，使饲料中的淀粉产生糊化呈胶体状，而当饲料从模孔挤压出来的瞬间压力骤然降低后，使饲料体积迅速膨胀而成。膨化饲料的优点：一是通过高温处理后的饲料，能大大提高消化吸收率和杀灭饲料中的病原菌；二是饲料整体性好，可降低饲料在水中的散失率，减少饲料的浪费；三是配方中可降低高价鱼粉和α-淀粉比例，能降低饲料的配方成本20%左右。膨化饲料的缺点：一是在膨化挤压的过程中，易损失蛋白质中的有效赖氨酸和维生素；二是投喂过程中无法添加其他物质。

第二节　鳖配合饲料的成分与配制

鳖的配合饲料是根据中华鳖的营养需求，将多种原料以一定的比例配制而成，充分发挥配合饲料的互补作用。人工配合饲料，蛋白质较稳定，制作精细，易保存、运输，投喂方便，其营养基本能满足鳖不同阶段生长的需要。配合饲料都经高温消毒，改善了鳖的消化状况和营养状况，增强了抗逆力，同时还可以根据病害流行情况定期定制防病治病的药物饵料。配合饲料提高了利用率，降低了饵料系数，便于运输和储存，特别适合加温养殖和集约化养殖。而且投喂人工配合饲料，残饵少，减少了对养殖水体的污染，配合饲料的这些优点被许多养殖户所接受，因而需求量不断加大。目前具有一定规模的养鳖场基本都选择以投喂人工配合饲料为主，因为养殖规模大，饲料的需求量也大，用人工配合饲料既方便又省事。

一、配合饲料的主要原料

1. 鱼粉

鱼粉（彩图7-4）是以一种或多种鱼类为原料，经去油、脱水、粉碎加工后的高蛋白质饲料原料。全世界的鱼粉生产国主要有秘鲁、智利、日本、丹麦、美国、挪威等，其中秘鲁与智利的出口量约占总贸易量的70%。据世界粮农组织（2013年）统计称，我国鱼粉年产量约120万吨，约占国内鱼粉消费总量的一半，主要生产地在山东省（约占国内鱼粉总产量的50%），而浙江省约占25%，其次为河北、天津、福建、广西等省市区。20世纪末，我国每年大约进口70万吨鱼粉，约80%来自秘鲁，从智利进口量不足10%，此外从美国、日本、东南亚国家也有少量进口。

鱼粉为重要的动物性蛋白质添加饲料，鱼粉中不含纤维素等难于消化的物质，粗脂肪含量高，有效能值高，生产中以鱼粉为原料很容易配成高能量饲料。鱼粉富含B族维生素，尤以维生素B_{12}、维生素B_2含量高，还含有维生素A、维生素D和维生素E等脂溶性维生素。鱼粉是良好的矿物质来源，钙、磷的含量很高，且比例适宜，所有磷都是可利用磷。鱼粉的含硒量很高，可达2毫克/千克以上。此外，鱼粉中碘、锌、铁、硒的含量也很高，并含有适量的砷。鱼粉中含有促生长的未知因子，这种物质还没有提纯成化合物，可刺激动物生长发育。

鱼粉多用于水产动物（如鱼、蟹、虾、鳖等）饲料蛋白质的主要原料，鱼粉与水产动物所需的氨基酸比例最接近，添加鱼粉可以保证水产动物生长较快。目前鳖养殖饲料添加的主要是进口白鱼粉，其具有鲜度高、香味浓、诱食性好等特点，且与淀粉的亲和性好，是良好的蛋白质添加源。

2. 乌贼粉

乌贼粉（彩图7-5）以乌贼制品的下脚料，经发酵、分离、干燥、粉碎而来，蛋白质含量50%左右，有浓烈的腥香味，诱食性较好，脂肪含量高，磷脂胆固醇高，易氧化变质，其鲜度不及白鱼粉。

3. 河蚌肉粉

河蚌肉的含水率为76.92%，干燥后的肉粉中含有丰富的蛋白质，蛋白质为51.07%，灰分6.1%，粗脂肪6.45%，还原糖3.47%，在河蚌肉中约70%为蛋白氮，就氨基酸组成来说，河蚌肉的营养价值接近FAO/WHO推荐的最佳模式。河蚌肉中还富含各种矿物质元素，如钙、磷、铁、镁等是优质的微量元素来源。此外，河蚌肉中的脂肪含有较高比例的不饱和脂肪酸，如油酸、DHA、EPA等。具有很高的营养价值，是优质的动物性蛋白质原料。

4. 动物血粉

血粉（彩图7-6）是一种非常规动物源性饲料，将家畜或家禽的血液凝成块后经高温蒸煮，压除汁液、晾晒、烘干后粉碎而成，因其较高的细菌含量，国内的血粉原料未经杀菌加工不可直接用于饲料的加工和混合。不同家畜的血液所加工成的血粉所含粗蛋白质不同，含量一般在60%～80%，而其水分一般都控制在12%以内。血粉中所含赖氨酸、精氨酸、蛋氨酸、胱氨酸等营养物质是家畜养殖中所需的，其具有较好的诱食性，但在饲料中的添加量不宜超过5%。

5. 蚕蛹粉

蚕蛹粉（彩图7-7）是缫丝工业的副产品，充分利用桑蚕主养区的资源，饲料用柞蚕蛹粉呈淡褐色，无霉变及异味异嗅。蚕蛹粉粗脂肪含量高，可达22%以上，蚕蛹粉的粗蛋白质含量高，为54%，其中几丁质态氮大约为4%。其氨基酸组成特点是，蛋氨酸含量很高，为2.2%。赖氨酸含量也很好，与进口鱼粉大体相等。色氨酸含量也高，高达1.25%～1.5%。因此，蚕蛹粉是平衡日粮氨基酸组成的很好组分。它的另一特点是精氨酸含量低，尤其是同赖氨酸含量的比值很低，很适合与其他饲料配伍。蚕蛹粉的钙、磷含量较低，但B族维生素含量丰富，尤其是核黄素含量较高。在成鳖养殖过程中可以替代部分鱼粉，但要注意保持原料的新鲜度，否则容易出现氧化脂肪病症。

6. 动物肝粉

动物肝粉（彩图7-8）是用鸡肝、鸭肝、鹅肝、猪肝、牛肝等动物肝脏制成的，其粗蛋白质含量高达66%，赖氨酸、亮氨酸和精氨酸含量高，且与鳖肉氨基酸比例接近，可以在饲料中少量添加。

7. 乳粉

乳粉（彩图7-9）基本保留了牛奶的营养成分，是稚鳖优质的蛋白质原料。全脂乳粉：以新鲜牛乳直接加工而成，脂肪含量高易被氧化，在室温下可保存3个月。脱脂乳粉：新鲜牛乳除去绝大部分脂肪后加工而成，可室温下保存1年以上。适当添加可以促进摄食和生长。因成本较高，添加量在3%。

8. 膨化大豆粉

膨化大豆粉（彩图7-10）是整个大豆经过膨化的饲用产品，保留了大豆本身的营养成分，去除了大豆的抗营养因子，具有浓郁的油香味，营养价值高，适口性好，在畜禽及水产饲料中得到了广泛的使用。在众多的大豆饲用类产品加工方法中，李德发（1986）认为，从抗营养因子的角度讲，热处理法是大豆产品加工的最佳方法。膨化大豆保留了大豆本身的营养物质，蛋白质变性，淀粉糊化，脂肪外露富含油脂，氨基酸平衡，且高温高压杀死了病菌，是具有极高营养价值的常用蛋白质原料，且对于目前高位运行的鱼粉具有一定替代性。

9. 花生粕

花生粕（彩图7-11）是花生仁经压榨提炼油料后的产品，通常花生粕分一次粕、二次粕。一次粕是经过初次压榨剩余的花生渣，二次粕即压榨过两次的花生渣。通常花生粕的产量可以达到44%以上，也就是说花生的出油率最高可达55%，所以花生粕的产量相对是比较少的。花生粕富含植物性蛋白质，其口感较好，比较适合在禽畜水产饲料中使用。其粗蛋白质含量接近50%，蛋白质品质较好，组氨酸和精氨酸含量丰富，且不饱和脂肪酸占60%以上，适宜鳖的营养需求，但花生粕易染上黄曲霉，变质后不能使用。

10. 玉米蛋白粉

玉米蛋白粉（彩图7-12）是玉米籽粒经食品工业生产淀粉或酿酒工业提纯后的副产品，其蛋白质营养成分丰富，并具有特殊的味道和色泽，可用作饲料，与饲料工业常用的鱼粉、豆饼比较，资源优势明显，饲用价值高，不含有毒有害物质，不需进行再处理，可直接用作蛋白质原料。其蛋白质含量约60%，蛋氨酸含量高，含有丰富的色素，如叶黄素和类胡萝卜素，可以作为天然的着色剂，添加量在5%左右。

11. α-淀粉

当生淀粉结晶区胶束全部崩溃，淀粉分子形成单分子，并为水所包围（氢键结合），而成为具有黏性的糊状溶液，处于这种状态的淀粉称为α-淀粉（彩图7-13）。其是马铃薯淀粉或者木薯淀粉经熟化加工而成，α-淀粉具有许多优良的特性，如冷水迅速糊化、黏结力强、黏韧性高、使用方便等，在水产饲料方面用途很大，可以用于鳖饲料的黏合剂，适宜添加量为20%。

12. 啤酒酵母

啤酒酵母（彩图7-14）是指用于酿造啤酒的酵母，多为酿酒酵母的不同品种。细胞形态与其他培养酵母相同，为近球形的椭圆体，与野生酵母不同，啤酒酵母是啤酒生产上常用的典型的上面发酵酵母。菌体维生素、蛋白质含量高，可作食用、药用和饲料酵母，还可以从其中提取细胞色素C、核酸、谷胱甘肽、凝血质、辅酶A和三磷酸腺苷等。在维生素的微生物测定中，常用啤酒酵母测定生物素、泛酸、硫胺素、吡哆醇和肌醇等。啤酒酵母的蛋白质含量为45%～50%，赖氨酸、色氨酸、苏氨酸等必需氨基酸较高，营养价值界于动物性蛋白质和植物性蛋白质之间，其含有的多种酶能促进蛋白质和碳水化合物的吸收利用。添加量不超过10%。

13. 谷朊粉

谷朊粉（彩图7-15）又称活性面筋粉、小麦面筋蛋白，是从小麦（面粉）中提取出来的天然蛋白质，呈淡黄色，蛋白质含量高达75%～85%，是一种营养丰富、物美价廉的植物性蛋白源。具有黏弹性、延伸性、薄膜成型性、吸脂性和良好的机械性能。

谷朊粉的蛋白质含量高，氨基酸组成比较齐全，在饲料工业中，可以利用其优良的蛋白源作为高档动物及宠物的饲料。在饲料加工过程中，只要将谷朊粉与其他食物性蛋白质按比例混合，并根据动物饲料的特性及其所缺的必需成分进行合理搭配，就能制成各种动物的专用饲料。高档谷朊粉具有"清淡醇味"或"略带谷物口味"，与其他成分混合制成饲料后，色香味俱全，特别适合各种宠物的口味，大大增加了饲料利用率。

高质量的谷朊粉在30～80℃的温度范围内能迅速吸入自身2倍重的水分，这种性能能够防止制品水分分离，提高其保水性。在制作悬浮饲料时添加谷朊粉，饲料吸水后的悬浮性和自然黏弹性都得到提高。当谷朊粉与饲料中的其他成分充分拌和，由于其强力的黏附性，很容易将饲料造型成颗粒。饲料颗粒投放到水中后吸水，饲料颗粒被充分包络在湿面筋网络结构中，能够悬浮于水中，这样不但使饲料的营养不损失，而且大大提高了动物对谷朊粉的利用率，其在龟鳖饲料中应用广泛。

14. 磷脂

磷脂（彩图7-16）也称磷脂类、磷脂质，是指含有磷酸的脂类，属于复合脂。磷脂组成生物膜的主要成分，分为甘油磷脂与鞘磷脂两大类，分别由甘油和鞘氨醇构成。磷脂中含有的磷、胆碱、肌醇是鳖重要的营养物质，能将饲料中大颗粒优质乳化成小颗粒，易于消化吸收。

15. 鱼油

鱼油（彩图7-17）是鱼体内的全部油类物质的统称，它包括体油、肝油和脑油，鱼油是一种从多脂鱼类提取的油脂，富含 ω-3系多不饱和脂肪酸（DHA和EPA），具有抗炎、调节血脂等作用，能为鳖生长提供长链不饱和脂肪酸。

16. 光合细菌

光合细菌个体小、繁殖快、适应性强，含有丰富的营养成分，蛋白质含量高达60%以上，且必需氨基酸种类齐全，含量丰富；维生素的含量也比较高，尤其是一般水生动物饲料中易缺乏的维生素 B_{12}、生物素和叶酸的含量极为丰富；还含有大量的能促进动物生长的类胡萝卜素、辅酶Q等生理活性物质。姚志军等（1996）试验表明，添加光合细菌的试验组生长最快，日增重率明显高于对照组，说明光合细菌具有显著的促生长作用和提高饲料效率的作用，其还具有增强鳖体质、提高抗病能力等功能。

17. 肉碱

肉碱（彩图7-18）是类似于B族维生素的化合物，可以增强脂肪酸通过线粒体内膜的能力，促进脂肪酸的代谢，能提高脂肪、蛋白质、氨基酸和能量的利用率；促进脂溶性维生素及钙、磷的吸收。吴遵霖（1997）对12克左右的稚鳖进行了22天的饲养试验，结果表明，含肉碱的4号饲料使得鳖的生长速度比对照组提高了27.5%～36.6%，饲料系数和饲料蛋白质消耗下降了26%～30%。

18. 中草药

中草药添加剂含有许多营养物质，除含丰富的多种维生素、糖类、蛋白质、脂肪等营养物质外，还含有生物活性物质、多种常量元素和微量元素，特别是锂、锡、钼、铬等，能促进机体糖代谢、蛋白质和酶的合成，促进鳖的生长。中草药添加剂对许多细菌、某些致病性真菌及少数病毒都有不同程度的抑制和杀灭作用。如黄芪等中草药能提高机体免疫力，从而提高对细菌、病毒的抵抗力，有助于机体的健康和发育。

19. 大蒜素

大蒜素（彩图7-19）是从蒜的球形鳞茎中提取的挥发性油状物，是二烯丙基三硫化物、二烯丙基二硫化物及甲基烯丙基二硫化物等的混合物，其中的三硫化物对病原微生物有较强的抑制和杀灭作用，二硫化物也有一定的抑菌和杀菌作用。鳖养殖中应用大蒜素，可以增强抗病免疫力，防治多种疾病；有较强的诱食作用，能改善饲料风味，促进动物生长发育，提高生产性能；能降低饲料系数，提高饲料报酬，经济效益十分显著。据报道，在稚鳖饵料中添加1%大蒜素添加剂，养殖12个月后，试验组比对照组增产20%。

20. β-胡萝卜素

β-胡萝卜素（彩图7-20）对促进动物生长、抵御疾病有明显效果。β-胡萝卜素可增强细胞间的信息传递，是切断连锁反应的抗氧化剂，能消除动物体内有毒的氧自由基，而且能提高动物自身免疫力，抵御细菌及病毒的侵袭，提高养殖动物成活率；能促进动物生长，提高生产性能。β-胡萝卜素呈天然的黄色或橘黄色，也是一种有效的着色剂。杨新瑜等（1997）以0.4% β-胡萝卜素添加在饲料中投喂89只均重128克的中华鳖，结果表明，添加β-胡萝卜素的试验组成活率比对照组提高了15.8%，日增重提高了105.6%。

21. 预混料

预混料在饲料中虽然占比很小，但是能为鳖生长提供合理的维生素和矿物质，还能提高诱食性和适口性，预混料的成分主要包括维生素、矿物质、酶制剂和诱食剂。

（1）维生素 饲料原料中虽含有一定数量的维生素，但仍不能满足鳖的生长需求，需要另行添加，以保障营养全面和增强体质。许多维生素在热、光、氧等条件下活性不稳定，容易受到破坏，需要对其进行预处理，通过预处理后制成复合型预混料有利于提高维生素的稳定性。

（2）矿物质 主要包括钙、磷、钾、钠等常量元素和铁、锌、锰、铜等微量元素，矿物质的添加量以鳖矿物质营养需求中减去饲料中矿物质元素含量，两者之差就是添加量，鳖配合饲料中主要是白鱼粉，钙、磷含量丰富，微量元素也很丰富，所以相关矿物质可以很少量添加。矿物质的添加主要是以无机盐的形式添加，如钾、钠、氯主要靠添加氯化钠、氯化钾，钙、磷主要靠添加磷酸二氢钙。

（3）酶制剂 将生物体内产生的酶经过加工制成酶制剂，

在酶制剂的帮助下，能提高对饲料中营养物质（包括蛋白质、脂肪、糖类）的分解，所以适当补充复合酶制剂（如中性蛋白酶、酸性蛋白酶、淀粉酶、植酸酶等），对提高饲料的利用率有显著作用。据朱文慧、刘文斌等研究表明，在饲料中添加0.2%的复合酶制剂，能提高增重率，降低饲料系数。

（4）诱食剂　为了提高鳖的摄食效果，增加植物性饲料的添加比例，常常在饲料中添加部分诱食剂，例如氨基酸和甜菜碱。风味氨基酸对鳖有很强的诱食效果，特别是丙氨酸、赖氨酸、脯氨酸等，同时氨基酸的添加能平衡利用饲料中的蛋白质，增加饲料利用率。

二、鳖配合饲料的配方

配合饲料中各种营养元素要有一定的配比组合，配比达到合理的状态，鳖的生长就能达到最快的速度，而且鳖在不同生长时期的营养需求是不同的，要根据鳖的不同生长时期来选择不同的营养配方，配合饲料由厂家生产的，一般都标有营养成分含量，可根据所标营养成分含量来选择。若养殖场户自己加工饲料，要适时调整配方，以满足鳖在不同时期的生长需求。

在饲料的配方方面，一般要求总蛋白达到40%以上。大部分蛋白质由鱼粉提供，鱼粉质量要好，一般鱼粉总量中白鱼粉应占70%、红鱼粉不超过30%，这样既不会给中华鳖生长造成不良影响，又可降低成本；少部分蛋白质可由植物性蛋白质提供，为了广泛利用饲料资源，植物性蛋白质亦可由豆渣、次粉、麦麸、稻谷等农副产品及其他中华鳖喜欢的植物性饲料代替。再加上一定比例的维生素、矿物质等预混料（表7-1）。

表7-1　不同生长时期的鳖的饲料配方

原料	幼鳖1	幼鳖2	稚鳖	成鳖
白鱼粉/%		66.2	68.55	59.65
美国海鲜鱼粉/%	30			

原料	幼鳖1	幼鳖2	稚鳖	成鳖
新西兰88鱼粉/%	10			
俄罗斯鱼粉/%	22.7			
进口红鱼粉/%	5	3		5.1
α-淀粉/%	22	23	23	24
膨化大豆/%				3
啤酒酵母/%	2.5	2	2	2
肝末粉/%	3	1.5	1	2
蛋黄粉/%			0.3	
奶粉/%			0.3	
水解动物蛋白/%	1			
乳酸钙/%	0.2			
磷酸二氢钠/%	0.15	0.15	0.15	0.15
黏合剂/%	0.2	0.2	0.2	0.2
磷酸氢钙/%		0.8	0.8	0.8
卵磷脂/%			0.2	
多维/%	1	1	1	1
矿物质/%	1.4	1	1	1
肉毒碱/%		0.1	0.2	0.1
甜菜碱/%	0.1	0.1	0.15	0.1
胆汁酸/%	0.1	0.1	0.1	0.1
蛋氨酸/%	0.25	0.15	0.2	0.1
赖氨酸/%		0.15	0.2	0.15
甘氨酸/%	0.2			
氯化胆碱/%	0.2	0.2	0.3	0.2
食盐/%		0.35	0.35	0.35
合计/%	100	100	100	100

三、饲料配制要求

同样值得提醒的是,饲料配方宜根据鳖的不同生长阶段作必要调整。一般早期应加大蛋白质在饲料中的含量,加快幼鳖的生长速度。秋季应加入一定量的植物油,以利育肥越冬。在设计中华鳖饲料配方的过程中应注意以下几方面。

1. 配方要科学、营养要全面

鳖在不同生长阶段对各种营养物质的需求量各不相同,饲料配方中各项营养指标必须建立在科学的标准之上,必须能够满足鳖在不同阶段对各种营养成分的需要,指标之间具备合理的比例关系。鳖的配合饲料可以分为稚鳖料、幼鳖料、成鳖料和亲鳖料。

2. 具有良好的适口性和黏合性

饲料适口性不好,会影响鳖的摄食,造成饲料的浪费和水质污染,部分企业会添加一些乌贼内脏粉、甜菜碱等诱食剂增加适口性。鳖摄食时喜欢下水吞咽,饲料容易散失,所以饲料要具备一定的黏合性,饲料在水中的稳定时间要保持在1.5～3小时。生产出的饲料必须具有良好的适口性和利用效率。

3. 配方要经济、成本要合理

在鳖的养殖中,饲料的费用约占整个成本的70%,因此在饲料原料的选用上要因地制宜,就地取材,精打细算,降低成本,饲料的配方应从经济实用的原则出发,充分考虑饲料来源及成本,尽量降低饲料成本占比,提高养殖效益。

4. 配方要安全、质量要可控

配方的设计必须要遵守国家有关饲料生产的法律法规,尽量使用绿色无公害的原料,提高饲料的内在质量,使之安全、无毒、无药残、无污染，符合营养指标、感官指标、卫生指标。加工过程中不得添加有毒、有害、有副作用的药品和添加物，饲料运输和储藏过程中要避免饲料变质。

四、饲料的制作与配制方法

鳖的饲料分为硬颗粒料、膨化料和粉料（彩图7-21），以前粉料使用得较多，但是近年来膨化颗粒饲料的发展速度很快，已有逐步替代粉料的趋势。粉料投喂前需要经过特殊的加工才可投喂，而膨化料、颗粒料可以直接投喂，方便省事。膨化料相较于粉料具有消化利用率高、水中稳定性好、不宜携带病原、保质期更长、饲料适口性好、劳动生产率高等特点，但其也有一些不足之处，比如膨化料的维生素容易被破坏，不能添加外源性酶制剂和活菌制剂，所以这些方面仍需进一步研究完善。

粉状饲料投喂前需要加入150%的水和3%左右的鱼油或者玉米油搅拌后进行投喂，可以制成团块状或者软颗粒状。团块状的饲料主要将粉料与水和油脂搅拌均匀，捏成团块状投喂就可以了，但是由于鳖吃食习性的原因，特别容易造成饲料的散失，饲料利用率低下。软颗粒料的制作主要是将粉料搅拌均匀后，用绞肉机或者专用软颗粒机制作而成。制作饲料的长度和大小可以根据鳖的规格不同而有所不同，提高鳖的适口性（表7-2）。

表7-2　软颗粒料的粒径、长度与鳖的规格的关系（徐海圣，2013）

规格/（克/只）	粒径/毫米	长度/毫米
＜10	2	3～4
10～50	3	5～8
50～100	4	6～10
100～200	5	6～12
＞200	6	12～14

同时，在养殖过程中，有部分中小养殖户为了降低中华鳖的养殖成本，也可考虑自行配制加工饲料。具体配制方法是根据上述配方，结合自己的具体情况进行配制，需求量小的养殖户直接手工搅拌，有条件的养殖户可一户或几户购置一套小型饲料加工设备进行加工。中华鳖饲料是粉料，一般在成鳖饲养过程中，饲料原料的粉碎细度达到60目即可满足要求，因此，中华鳖料的生产设备采用一般的锤片式带旋风收尘器的粉碎机即可。一般来讲，养殖规模在2万～3万只的，配置粉碎机功率为7.5千瓦，价格在0.3万～0.4万元；养殖规模在10万只左右的，配置粉碎机功率为15千瓦，价格在0.6万～0.7万元；另配1.5千瓦的搅拌机一台，有条件的地方，也可到就近的小型饲料加工厂代加工。

屠宰场、餐馆、饭店的下脚料和动物肌肉、内脏等翻洗干净后都可利用，其来源广，成本低，效果好。自行配制饲料投喂时还可以将鲜活饵料加入，如将螺蚌肉或者鱼肉、动物内脏等搅碎成糜状，将其按照20%的比例与配合饲料混合搅拌2～3分钟即可。

第三节
活饵料的培养与获取

中华鳖是杂食性动物，但偏爱动物性饵料，所以培育动物性饵料符合鳖的食性，特别是动物性饵料具有营养全面、适口性好等特点，其搭配配合饲料投喂不仅能均衡营养，提高蛋白质利用率，也能提高鳖的放养成活率，加速鳖的生长发育。中华鳖的动物性饵料有蚯蚓、螺、小虫、泥鳅、黄粉虫、小鱼、蝇蛆等，可以利用养殖场空地或者空余水面培育部分活饵料，增产又增收。

一、水蚤

水蚤是一种小型的甲壳动物，属于节肢动物门、甲壳纲、枝角目，也称鱼虫。水蚤体小，长约2毫米，浅肉红色，生活在淡水中。其不仅蛋白质含量高，且含有鱼类所必需的氨基酸、维生素及钙质。水蚤是黄鳝、鳖等淡水饲养鱼类的优质饵料。培养比较简便，少量饲养可用瓶、罐、缸等；大量饲养可用土池和水泥池等。水蚤体内蛋白质含量高达本身干重的40%～60%，脂肪含量21.8%，多糖1.1%，是鳖良好的开口饵料。

利用水泥池或土池均可培养水蚤，一般深1米，面积10～30平方米的水泥池或者666平方米的土池，用漂白粉或生石灰干法清塘，暴晒7天后加入0.3米深的水，再暴晒7～15天开始施肥，投放经发酵腐熟后的畜禽粪1.5～3千克/米³作为基肥，加水到水深0.6～0.8米，加入的水必须经过80～100目的聚乙烯筛绢网过滤，防止大量敌害生物进入，加水要缓，一次加水不宜过多，待水色变浓后再逐步加水。施基肥的目的是促进水体中的藻类大量繁殖，为水蚤生长繁殖提供必要的物质基础。为加速水蚤的生长繁殖，可以引种水蚤，从池塘或小河沟中捕捞水蚤，经过清洗、消毒后投入池中，在水温18～25℃的情况下，经过3～4天后水蚤开始大量繁殖。1周后就可以大量捕捞，捕捞时应隔1～2天，每次10%～20%，捞过数次后，如发现水蚤量减少，应停止捞取，马上加注新水，适量追肥。追肥量要根据水色、天气的变化进行适当调整。通常情况下，池水以黄褐色、水体透明度保持在30厘米左右为宜。如水色过清就应多施肥，水色深褐色或黑褐色应少施肥或不施肥。追肥时要多种肥料交叉使用（粪肥、氨肥、氮肥、磷肥等），不要使用单一肥料，以利于水中各种元素保持动态平衡。培养过程中如发现带冬卵个体多，幼体数量少，则有可能是蚤体老化、食物不足、水温偏高等引起的。

二、螺蛳

螺蛳（彩图7-22）是中华鳖特别喜欢吃的一种饵料。据测定，鲜螺体中含干物质5.2%，干物质中含粗蛋白质55.36%、灰分15.42%，其中含钙5.22%、磷0.42%、盐分4.56%等。同时还含有较丰富的B族维生素和矿物质等营养物质。此外，螺蛳壳除含有少量蛋白质外，其矿物质含量高达88%左右，其中钙37%、磷0.3%、钠盐4%左右，同时还含有多种微量元素。在饲料业实践中，螺蛳壳同贝壳一样富含矿物质元素。螺蛳的投放时间在清明节前最好，因为螺蛳在清明节左右大量繁殖，其对环境的适应能力很强，只需要向水体中投入一定量的螺蛳，它们会繁殖许多幼螺，形成自然种群，作为鳖良好的天然饵料，幼螺通过摄食人工投喂的饵料，生长、繁殖。螺蛳为鳖提供充足的动物性饵料，数量较多的螺蛳也不会对鳖正常的生长和生活造成负面影响。

三、蚯蚓

蚯蚓（彩图7-23）俗称地龙，又名曲鳝，是环节动物门寡毛纲的代表性动物。蚯蚓是营腐生生活动物，生活在潮湿的环境中，以腐败的有机物为食，生活环境内充满了大量的微生物却极少得病，这与蚯蚓体内独特的抗菌免疫系统有关。蚯蚓一般喜居在潮湿、疏松而富含有机物的泥土中，特别是肥沃的庭园、菜园、耕地、沟、河、塘、渠道旁及食堂附近的下水道边、垃圾堆、水缸下等。蚯蚓干物质中蛋白质含量约70%，还含有大量的氨基酸、维生素、钙、磷等，粗脂肪和灰分含量适宜，是鳖良好的饵料，而且由于适口性好和诱食性好，鳖十分喜食。

饲料好坏是养殖蚯蚓成功与否的关键，饲料的调制和发酵工作，是蚯蚓养殖的重要物质基础和技术关键，蚯蚓繁殖的快慢很大程度上决定于所准备的饲料，饲料配制的关键在于发酵，没有充分发酵的饲料，会使蚯蚓大量死亡，因此搞好饲料的发酵工作是人工养殖蚯蚓成败的关键。一般有机物经过3～4次的翻堆腐熟后，就可以成为蚯蚓的饲料。方法是：首先把粪料洒水捣碎，秸秆或杂草截成5～15厘米的段并用净水浸泡透。操作时以10厘米粪料、20厘米秸秆或草料，同时加入发酵水（100千克净水中加入1千克EM有效微生物），使所含水分为50%～60%。料堆长度不限，但一次发酵料堆不能低于300千克，以0.6～1.2米的高度为宜，料堆要求松散，以利高温细菌的繁殖。用农膜盖严保温保湿，发酵15天左右掀开农膜翻堆，把上面的堆料翻到下面，四周的堆料翻到中间，并把堆料翻松拌匀，添加水分维持在50%～60%，再用农膜盖严继续发酵1～2次，发酵完成后在粪料中添加营养促食液（100千克净水，2千克尿素，3克糖精，4毫升菠萝香精，40毫升醋精充分混合）25千克/米^3，透气2～3天后即可使用。腐熟好的饲料：黑褐色，无臭味，质地松软，不黏不滞。养殖场可以利用荒地或庭院边角地深翻30厘米、整平，再挖土坑，将已发酵的猪、牛、鸡粪放入大坑内，蚯蚓繁殖最适温度为22～26℃，放入蚯蚓苗4000～5000条/米^2，每天浇淘米水1～2次，保持60%含水率，不断追肥，经过10天左右的培育，每平方米可产5千克左右的成蚓，定期捕捉，后期捕捉时注意定期补充腐殖质。取出的蚯蚓用热水烫杀，将其切成寸段投喂。

四、蝇蛆

蝇蛆（彩图7-24）为苍蝇的幼虫。主要出生在人畜粪便堆、垃圾、腐败物质中，取食粪便及腐烂物质，也有的生活于腐败动物尸体中。它在土表下化蛹，以蛹越冬，越冬蛹在土中深度可达10厘米左右。蝇蛆营养成分全面，高蛋白质、低糖且低脂肪，并含有丰富的矿物质元素、维生素、微量元素及抗菌活性物质，无抗营养因子和有毒物质，是一种极其丰富而宝贵的资源。白钢等对蝇蛆的营养成分做了分析，测定结果为蝇蛆的粗蛋白质含量为62.52%，必需氨基酸含量占总氨基酸的47.72%，必需氨基酸与非必需氨基酸总量的比值为0.91，根据联合国粮食与农业组织和世界卫生组织提出的优质蛋白质饲料标准，其必需氨基酸约占氨基酸总量的40%，必需氨基酸总量与非必需氨基酸总量之比应超过0.6，并且蝇蛆必需氨基酸是鱼粉的2.3倍，蛋氨酸含量是鱼粉的2.7倍。鲜蛆的总糖含量仅为0.9%，除明显低于大豆外，与其他食物的糖含量相当，属于低糖资源。蝇蛆粉还含有多种无机盐和维生素，且含量丰富，维生素A、维生素D和维生素E含量分别为727.8毫克/100克、131毫克/100克和10.04毫克/100克，铁、锌、硒含量分别为268毫克/千克，159毫克/千克和8.9毫克/千克。应该说蝇蛆的营养价值高于植物源性饲料原料，接近于动物源性饲料原料。

蝇蛆生长繁殖极快，人工养殖不需很多设备，室内或室外、城市或农村均可养殖。

1. 平台引种水池繁殖法

此法适用于小规模养殖场。建1平方米的正方形小水泥池若干，池深5厘米。在池边建1个200厘米与池面持平的投料台，然后向池内注水，水位要比投料平台略低，池上面搭盖高1.5～2米的遮阳挡雨棚。在投料平台上投放屠宰场丢弃的残肉、皮、肠或内脏500克，也可投放死鼠、兔等动物尸体300克，引诱苍蝇来采食产卵。将放置在平台上2～3天的培养料放到池水中搅动几下，把附在上面的幼蛆及蝇卵抖落到水中，然后把培养料放回平台上再次诱蝇产卵。每池投放新鲜猪粪、鸡粪各2千克，或人粪4千克，投料24小时后，待蝇蛆分解完漂浮粪后再次投料。在池内饲养4～8天，见有成蛆往池边爬时，及时捕捞，防止成蛆逃跑。用漏勺或纱网将成蛆捞出、清水洗净、趁鲜饲喂。清池。当池底不溶性污物层超过15厘米，影响捕捞成蛆时，可在一次性捞完蛆虫后，将池底污物清除，另注新水。

2. 塘边吊盆饲养法

在离塘岸边1米处，支起成排的支架，每隔1～2米，将1个直径40厘米的脸盆成排吊挂在特种经济动物的养殖塘面上，盆离水面20厘米左右。把猪粪、鸡粪按等量装满脸盆，加水拌湿，洒上几滴氨水，再在盆面放几条死鱼或死鼠，引诱苍蝇来产卵。家蝇或其他野蝇会纷纷飞到盆里取食产卵，一个星期之后就会有蝇蛆从盆里爬出来，掉入水中，直接供塘中动物食用。采用这一方法，设备简单，操作简便，2千克粪料可产出500克鲜蛆。具体操作要注意几点：一是盆不宜过深，以10～15厘米为宜；二是最好采用塑料盆，在盆底开2～3个消水洞，防止下大雨时盆内积水；三是盆加满粪后，最好能用荷叶或牛皮纸加盖3/4盆面，留1/4盆面放死动物引诱苍蝇，这样遮住阳光有利蝇蛆生长发育；四是夏日高温水分蒸发快，要经常检查、浇水，保持培养料湿润。

3. 室外塑料棚育蛆法

在室外果树行间或林荫下，开挖1个5米长、0.8米宽、0.25米深的浅坑，在坑里铺放厚塑料膜，注入15厘米深的粪水，每坑投放鸡粪2担、猪粪2担、牛粪1担，死鼠或动物腐肉、内脏1500克。沿坑边撒一些生石灰和草木灰，防止成蛆逃跑。然后在坑上用竹条制作成1米高的半圆形支架，覆盖塑料膜，周边塑料膜用土压实，中侧和两端掀开一个20厘米×30厘米的孔，让苍蝇飞进采食和产卵，经5～7天可掀开塑料膜捞成蛆洗净后作饵料。

蝇蛆喂养在水产养殖方面有巨大市场，随着人们生活水平的提高，各种特色养殖市场潜力巨大，水产类作为优质肉制品是其中重中之重，近几年龙虾、鳖、牛蛙、黄鳝等发展迅速，给市场注入新鲜活力，而蝇蛆养殖技术的发展能够很好地满足各种特色养殖的饲料需求，不仅仅做到了"取之于畜禽，用之于畜禽"。真正有潜力做到植被—生产者、养殖—消费者、蝇蛆—分解者的绿色生态农业循环。鳖特别喜欢吃蝇蛆，因其营养成分完全，蛋白质含量高，投喂蝇蛆养的鳖增长速度快，蝇蛆是成本低、效益好的良好饵料源。

五、黄粉虫

黄粉虫（彩图7-25）又叫面包虫，在昆虫分类学上隶属于鞘翅目、拟步行虫科、粉甲虫属（拟步行虫属）。原产于北美洲，20世纪50年代从苏联引进我国饲养。黄粉虫鲜虫脂肪含量28.20%，蛋白质含量高达61%以上，此外还含有磷、钾、铁、钠、铝等常量元素和多种微量元素及动物生长所必需的18种氨基酸，每100克干品含氨基酸高达947.91微克，其各种营养成分居各类食品之首，被誉为"蛋白质饲料宝库"。据饲养测定，1千克黄粉虫的营养价值相当于25千克麦麸、20千克混合饲料和100千克青饲料的营养价值。其嗜食麸皮、黄豆粉、菜叶、瓜皮、果皮等。人工饲养时，喂以豆渣、木薯渣、酒糟渣等，均能正常发育。

盆养黄粉虫，可采用旧脸盆等饲养用具，要求这些用具无破洞、内壁光滑。若内壁不光滑，可贴一圈胶带，围成一个光滑带，防止虫子外逃。另外，需要60目的筛子一个。取得虫种后，先经过精心筛选，选择个大、活力强、色泽鲜亮的个体，普通脸盆可养幼虫0.3～0.6千克。在盆中放入饲料，如麦麸、玉米粉等，然后放入幼虫虫种，饲料量为虫重的10%～20%。经3～5天，虫子将饲料吃完后，将虫粪用60目的筛子筛出。继续投喂饲料，并适当加喂一些蔬菜及瓜皮等水分含量高的饲料。幼虫化蛹时，及时将蛹挑出存放。经8～15天，蛹羽化为成虫。在盆的底部铺一张纸，然后在纸上铺一层约1厘米厚的精细饲料，将羽化后的成虫放在饲料上。温度为25℃时，成虫羽化约6天后开始交配产卵。黄粉虫为群居性昆虫，交配产卵必须有一定的种群密度，每平方米养1500～3000只。成虫产卵期需投喂较好的精饲料，除用混合饲料加复合维生素外，另加适量水分含量高的饲料。

成虫产卵时将产卵器伸至饲料下面，将卵产于卵纸上面，经3～5天卵纸上就黏满了虫卵，应该更换新卵纸。取出的卵纸按相同的日期放在一个盆中，待其孵化。温度为24～34℃时，经6～9天即可孵化。刚孵化的幼虫十分细软，尽量不要用手触动，以免使其受到伤害。将初孵化的幼虫集中放在一起饲养，幼虫经过15～20天，盆中饲料基本吃完，即可第一次筛除虫粪。筛虫粪用60目的筛子，以后每3～5天筛除一次虫粪，同时投喂1次饲料，饲料投入量以3～5天能被幼虫食尽为准。投喂菜叶或瓜果皮等应在筛虫粪的前一天，投喂量以1个晚上能被幼虫食尽为度，也可在投喂菜叶、瓜果皮前将虫粪筛出，第二天尽快将未食尽的菜叶、瓜果皮挑出。黄粉虫的幼虫和成虫都是鳖良好的活饵料，幼体和成体可以直接混入配合饲料中进行投喂。

六、饵料鱼虾

小鱼虾是鳖的好饲料，江河、湖泊、池塘、水库、稻田、沟渠都有可利用的杂鱼、小虾，而且容易捕捞，是解决鳖的饲料的好途径。同时可以在养殖池塘中套养部分饵料鱼，即在养鳖的池塘中套放一些经济价值较低，繁殖能力较强的鱼类（如罗非鱼、团头鲂等），每天投喂米糠、麦麸、菜饼等作为它们的饲料，饲养的鱼不仅为池塘创造了经济效益，又为鳖提供了天然饵料。

七、昆虫

夏秋季节，夜晚昆虫较多，可以采用灯光诱虫，在鳖池水面上20～50厘米处吊挂20瓦灯泡，黑光灯用来引诱虫子，在灯管的两侧安装玻璃板，昆虫在撞击到玻璃板后掉入水中供鳖摄食，一般每隔5～10米安装一个黑光灯，引诱昆虫作为鳖的饵料。

八、果蔬

瓜果、蔬菜、红薯等都可作为鳖的辅助饲料，蔬菜投喂时要切碎成寸段，瓜果、红薯应切成细条状蒸熟后再喂。要注意的是瓜果、蔬菜只能作为投喂饲料的一部分，起到辅助和调节的作用，作为主食的动物性饵料应保证足够的数量。

第四节

鳖饵料投喂方法

一、投饲量

鳖饲料投喂是鳖养殖过程中的重要环节，整个投喂管理过程是决定养殖是否成功的条件之一。投喂的量直接影响鳖的生长和健康状况：投喂不足，鳖生长速度缓慢，耽误生长期；投喂过量，容易引起鳖肠胃炎并继发其他疾病。饲料投喂量的设定方法，一种是假定鳖总体重依据下列公式换算。

投饲率=日基准投喂量÷鳖总体重×100%

当日基准投喂量=鳖总体重×投饲率

餐投喂量=当日基准投喂量÷每天的餐数

鳖总体重=鳖初体重+累计投饲量×饲料转化率

其中投饲率根据不同的养殖品种及养殖阶段设定，计算当日基准投喂量，从而计算出餐投喂量。一般3～50克的稚鳖投饲率在5%左右，50～150克的鳖投饲率在3.5%～4%，150～300克的鳖投饲率在2.5%左右，300以上的鳖投饲率在2%以下。根据鳖摄食情况及生长阶段，灵活掌握投喂量。而鳖总体重的计算一般是以饲料累计投饲量乘以往年各自的饲料转化率得出鳖现阶段的总体重，鳖前期的转化率较后期好一点，一般在 1～1.1，可维持到养殖的头 3 个月。或者按照每天鳖的摄食情况，参照鳖的生长阶段，决定鳖的投喂量。如果前一天鳖摄食良好，按照前一天的摄食量的 2%～3.5% 进行递增；如果前一天摄食略有残饵，按照前一天摄食量继续投喂；如果前一天剩料较多，当天投饵量可以按照前一天摄食量的 80% 进行试投喂。而外塘投喂量的设定除上述关键点外，还需关注当地的天气变化情况进行适当的调整，如遇暴雨天气食台上鳖基本未上台可适当延后投喂并减半投喂量。在这个基础上应控制鳖的摄食时间，一般以 1～1.5 小时摄食完为宜，因为：①时间过长饲料流失加大，不仅浪费饲料且污染水质，影响鳖的生长环境；②饲料投放时间过长容易变质，鳖摄食后容易发生病害；③投料时间过长影响鳖往后的摄食速度，有病害发生的前兆不容易觉察，不便于管理。如果摄食不完应回收剩料，并且分析一下是否由于天气、水质亦或其他因素的影响，再根据具体情况作进一步处理。建议养殖户应根据天气变化情况灵活确定当天的投喂量，从而避免多投饲料的现象。

二、投饲次数

投喂次数视水温及鳖各生长阶段灵活掌握。水温在 30℃ 左右为鳖生长最适合水温，在这种温度下鳖摄食旺盛，生长迅速，20℃ 以下食欲下降，15℃ 停止摄食，10～12℃ 进入冬眠。一般日投喂 2～3 次，具体应控制在下一次投饲时食台中无剩余饲料为准。如在春季过冬后开食，水温并不是很高，开食温度通常在 25℃ 左右，选择中午 12 点前后按照一天一餐的方式进行投喂。5 月后温度升高，鳖进入生长旺季，这时的投饲量和次数要增加，从一天一餐到一天两餐的投喂过渡，特别是夏季水温太高时，投喂时间一般选择在早上 8 点与下午 6 点左右。投喂时由于早上水温及溶解氧含量较低，抑制了鳖的摄食欲望，一天的饲料投喂量一般可以按照早晨少晚上多的原则投喂。当入秋至冬前，由于温度回落，可一天投喂一次。温室鳖养殖，在前期时可三餐投喂，投喂时间可以平均分配，例如将投喂时间确定在早上7点、下午3点、晚上11点。总之要根据季节、天气、水温、水质的变化及鳖的活动摄食情况灵活掌握，适时调整，做到既使鳖能吃饱吃好，促进生长，提高饵料的利用率，又不至于浪费饵料，达到降低成本、增产增收的目的。饲料投喂应坚持定质、定量、定时、定位原则。

第八章

鳖的人工繁殖与育种

- 第一节 雌雄鳖的区分
- 第二节 鳖的性腺发育
- 第三节 亲鳖的选择
- 第四节 亲鳖的培育
- 第五节 交配时间和交配行为
- 第六节 鳖卵的收集
- 第七节 鳖卵的孵化
- 第八节 鳖的育种技术

在自然环境条件下，鳖的生长发育是比较缓慢的，鳖的年龄、体重、性腺发育情况、状态等与产卵量和孵化率都有很大关系，一般自然界中鳖的受精卵孵化时间长，受精卵孵化率较低，鳖的养殖产业发展受到苗种的制约。随着野生稚鳖数量越来越少，野生鳖的人工繁殖逐渐被人们所重视，为了满足日益增长的鳖养殖产业对规模化苗种供给的需求，鳖人工繁殖技术成为保障该产业快速发展的关键因素。随着鳖人工繁殖技术的重大突破，鳖的放养成活率不断提高，放养规格整齐统一。鳖的人工繁殖就是根据鳖的繁殖习性，通过人工模拟其适宜的生殖环境，提供最优的温湿度及其他条件（如营养供给等），人工手段全面提高鳖的怀卵量、产卵量、受精率、孵化率和成活率的一种繁殖方式。

第一节

雌雄鳖的区分

雌雄鳖在幼年时期，从外部形态上较难区分其性别，但一旦达到性成熟年龄后，雌雄鳖的外部形态差异较明显，比较容易区分（彩图8-1）。

雄性鳖个体较薄，体重较重，背甲略隆起，后半部较前半部略宽，裙边宽，尾粗长且明显露出裙边之外，后肢间距较窄，在生殖季节可以见到交接器从泄殖孔中伸出。雌性鳖体厚背圆，体重较轻，背甲凸起明显，前半部和后半部基本等宽，裙边略窄，尾短而软，尾末端基本不超出裙边外，后肢间距较宽，泄殖孔内无交接器，在产卵期间，泄殖孔有红肿的情况发生。尾部的长短是区分成年鳖最为明显和易于识别的重要标志（表8-1）。

表8-1　雌雄鳖的区分（蒋叶林，2014）

部位	雌性	雄性
尾部	较短，不能自然伸出裙边外或者伸出很少	较长，能自然伸出裙边外
体形	圆	稍长
背甲	前后基本一致的椭圆形	后部较前部宽的椭圆形
后肢间距	较宽	较窄
体重	同年小于雄性20%	同年大于雌性20%
生殖孔	产卵期有红肿现象	产卵期无红肿现象
体高	高	薄、隆起

第二节

鳖的性腺发育

一、卵细胞的生长发育

鳖的卵细胞在生长发育过程中可以明显地分为卵原细胞期、初级卵泡期、生长卵泡期、成熟卵泡期4个时期。

1. 卵原细胞

从卵巢生殖上皮分化而来的卵原细胞，通过有丝分裂增加其数目。具有有丝分裂能力的卵原细胞外周不包被滤泡细胞。

2. 初级卵泡

卵原细胞停止有丝分裂，外周包被一层滤泡细胞，是由卵原细胞进入初级卵母细胞的准备阶段。此期间细胞质中普遍出现在其他脊椎动物前所未见的犹如植物细胞的液泡。由于液泡的扩大，将细胞核无定向地挤压到细胞的近缘。

3. 生长卵泡

当初级卵母细胞质中的液泡破散成许多膜系小泡时，挤压细胞核的压力消除，于是卵核又返回卵母细胞的中央，这是初级卵母细胞小生长期的标志。小生长期值得特别注意的是：①在卵黄出现之前，卵核中存在明显的灯刷染色体；②初级卵母细胞进行细胞核、细胞质增长的同时，由生殖上皮分化出的卵原细胞构成卵索，卵索中的卵原细胞进行频繁的有丝分裂，为不断地增加初级卵母细胞打好基础，这种现象无论是在第一次性周期内，或是第一次性周期后，都是普遍存在的；③当雌鳖的年龄经过3冬龄跨入第四个年头时，生长卵泡内的初级卵母细胞进入大生长期，先从卵周开始沉积卵黄，而后向中央发展，卵核则移向动物极；④生长卵泡期初级卵母细胞外周包被的滤泡细胞可明显地分化为立方形的内层和扁平形的外层，由于滤泡细胞的分泌作用，在卵黄膜（卵细胞质膜）的外周形成辐射膜，在光学高倍（油镜）显微镜下可明显地看到由卵表伸向辐射膜的微绒毛，这种结构与卵黄形成所需要的物质转运有关。

4. 成熟卵泡

当卵核移向动物极定位后，初级卵母细胞长到最终大小，卵径达到17～20毫米，生殖季节（5～8月）由垂体分泌促性腺激素，导致成熟、排卵。每个即将进行成熟、排卵的成熟卵泡都凸出于卵巢之外，仅以卵巢柄与卵巢相连。这种结构便于卵的排放。卵离开卵巢，进入输卵管上端受精，而后下移并被蛋白和蛋壳所包被。卵从滤泡中释出后，遗留在卵巢中的滤泡细胞称为产后黄体。

5. 闭锁卵泡

生长卵泡中的初级卵母细胞在大生长期出现的夭亡现象，

哺乳动物和人类的卵巢中也有这种情况，称之为闭锁卵泡，爬行动物也可应用这个名称。雌鳖卵巢中闭锁卵泡的特征是卵核溃散，卵黄颗粒液化。

二、精细胞的生长发育

雄鳖精细胞的生长发育与其他脊椎动物相比，可以说是大同小异。曲细精管是产生精子的功能单位。足细胞和围绕足细胞排列的生殖细胞是生精上皮的基本结构。每一足细胞从曲细精管的基膜向心地延伸到管腔的中央。生精上皮从基膜到管腔各类生殖细胞排列的顺序是精原细胞、初级精母细胞、次级精母细胞、精子细胞和精子（朱道玉，2009）。

1. 精原细胞

核明显，呈圆形或椭圆形，体积最大，半径为29～36微米。根据精原细胞的形态特点可将精原细胞分为 A 型和 B 型。A型按核的着色深浅不同又分为 A 型暗核精原细胞（Ad 型）和 A型亮核精原细胞（Ap 型），其中 Ad 型精原细胞核染色深，Ap型精原细胞核染色浅，染色质都细小。Ad 型精原细胞中一部分分化为 Ap 型精原细胞，Ap 型精原细胞再进一步分化为 B 型。B型核内染色质呈块状，核仁位于中央，它最后分化为初级精母细胞。

2. 初级精母细胞

由精原细胞分裂而来，体积略小。细胞核圆形，半径为21～28微米。由于分裂历时较长，在切片上可见到初级精母细胞的不同发育阶段。

3. 次级精母细胞

由初级精母细胞完成第 1 次成熟分裂形成，体积更小。由于次级精母细胞存在的时间很短，故在切片中较少见。

4. 精子细胞

次级精母细胞存在的时间较短，很快就进行第2次成熟分裂形成精子细胞。这一过程是连续而复杂的。中华鳖精子细胞核呈饱满的圆球形，位于细胞中央，着色淡，半径为18～19微米。

5. 精子

精子由经过变态的精子细胞发育而成，切片中中华鳖精子呈细长的蚯蚓状，略有弯曲，总长约79微米。精子结构由头部、连接段、中段、主段和末段组成。

鳖与鱼类（硬骨鱼）各级精母细胞同型成簇排列方式不同，与哺乳动物曲细精管的生精上皮按成熟等级顺次排列的方式颇为相似。值得注意的是，达到性成熟雄鳖曲细精管中的精子即使在越冬休眠状况下，也不像鲩鱼、青鱼、鲢、鳙那样出现衰老、退化。雌鳖在最后一次产卵之后，越冬之前与雄鳖交配时，射入输卵管中的精子可以经过越冬到来年的生殖季节仍然保持受精能力。

三、鳖性腺的周期变化

鳖性成熟后，雌性性腺随着季节的变动而呈规律性变化，一般来说每年的6～8月为生殖季节，雌性个体生殖季节卵巢的成熟系数为10%左右，即将成熟的卵其卵径为14～16毫米，每次产卵间隔20～25天。生殖期后，越冬期间，卵巢内有3～15毫米的卵母细胞，来年春天可继续发育成熟。而雄性精巢内的生精上皮，无论是在生殖季节或者非生殖季节，其精子都能正常地生长发育和存活，几乎不受季节变动的影响。

第三节

亲鳖的选择

达到性成熟并作为留种用的鳖称为亲鳖，亲鳖的年龄差异、个体大小、体质状况等都与其产卵质量和数量密切相关，所以进行人工繁殖的首要关键环节是筛选出好的优质亲鳖，筛选优质亲鳖不但能极大地提高产卵量、受精率和孵化率，而且稚鳖具有成活率高、体质好、生长快、规格整齐等优点。

一、亲鳖的来源

亲鳖应选择池塘、江河和湖泊中野生的或人工繁殖经过饲养达到要求的性成熟的雌鳖、雄鳖。如选用的是野生鳖，在挑选时应用金属探测器探测鳖体内有无钓钩等金属物，受伤的鳖生长繁殖都受到极大抑制。如选用的是人工养殖的鳖，那么在选用时应确保亲鳖的质量，即应当在品种纯、养殖量大的鳖场选购，直接从鳖池中挑选。为了避免产生近亲繁殖，要在不同的养殖场或者较远区域选购雌鳖和雄鳖。

二、亲鳖选择的时间

鳖是变温动物，有冬眠的特点，当水温低于10℃时，鳖就会潜入水底泥沙中冬眠，待来年春天水温上升到15℃以上时，鳖开始活动觅食，当水温高于20℃时，性成熟的亲鳖开始发情交配。选择亲鳖最好在冬眠苏醒后至摄食交配前，即3月下旬至4月底选购亲鳖，此时温度低，便于亲鳖的挑选和运输，同时鳖刚从冬眠状态中苏醒，对环境的适应能力强，放养后短时间内就会开始摄食、交配，顺利进入产卵期。

三、亲鳖的年龄

鳖年龄的鉴定可以通过肩胛骨上有规律的疏密纹理作为年轮，以此判断鳖的年龄。一般长江流域的鳖性成熟的年龄在4冬龄，华南地区的鳖在3冬龄，华北地区的鳖在5冬龄，东北地区的鳖在6冬龄以上。但是在人工控温养殖条件下，由于生长速度的加快，鳖的性成熟时间不符合上述规律，其性成熟时间极大地提前。一般人工控温条件下，鳖在16个月左右，即可达到性成熟，3年左右的亲鳖就能获得全年产卵的培育结果，而且产卵数量大大增加。

四、亲鳖的体重

一般500克左右的鳖，即可达到性成熟，但这种鳖的怀卵量少，产卵量、受精率和孵化率等都比较低，且孵化出的稚鳖体质较差，所以不能作为亲鳖使用。亲鳖的个体体重与怀卵量一般成正比，所以亲鳖的选择一般以个体大的为好，民间也有"鳖大蛋多"的说法。一般体重0.5～0.75千克的亲鳖，其年成熟卵泡数量30～50个，年产蛋2～3次；体重1～2千克的亲鳖，其年成熟卵泡数量50～70个，年产蛋3～4次；体重2千克以上的亲鳖，其年成熟卵泡数量70～100个，年产蛋4～5次；充分成熟的个体年成熟卵泡数量超过300个。一般优质的亲鳖应在2～4千克最为理想，此时的亲鳖产蛋大而均匀，每只蛋的重量达到6克以上，受精率超过95%，每次产蛋数量在50只左右。一般越大的蛋，孵化出的稚鳖体重较大，生长较快，体质健壮，能作为日后培育养殖的优良种苗。

五、亲鳖的体质

为增加中华鳖后代的抗病能力，提高鳖的生长速度，应选择外形完整、体质健壮、体格肥壮、无病无伤、动作敏捷、腹甲有光泽的个体。一般体表有伤或者在繁殖季节受到摔打的个体不宜作为亲鳖使用。所以亲鳖的选择除自身培育外，如采用外购亲鳖一定要注意了解亲鳖的来源与捕捉方法，同时避开繁殖季节收购亲鳖，需提早收购培育。

六、雌雄配比

亲鳖的留存和培育过程中，雌雄配比在4∶1较为合适，雄性过多容易相互打斗，争夺交配权，导致其死亡率高，同时增加了饲料损耗。雄鳖的精子能在雌鳖输卵管中存活6个月以上，所以适当增加雌鳖数量，减少雄鳖数量，不会对其正常的受精发育产生影响。

第四节

亲鳖的培育

一、亲鳖放养前的准备

放养亲鳖前必须将亲鳖池准备好，土池直接消毒清塘，若是新建水泥池，清塘前必须注满水浸泡10～30天，在此期间要换水2～3次，降低硅酸盐含量，后再消毒。对于池底淤泥可采用日光暴晒，挖去塘泥再添加新土等办法进行消毒，如果条件不具备，可进行全池消毒。清塘消毒的目的是杀灭池中的各种病原体、敌害生物和野生动物，改良底质，改善水质条件，为亲鳖创造一个良好的生活环境。

1. 生石灰消毒

生石灰消毒（彩图8-2）是利用生石灰遇水时发生化学反应，放出大量的热，产生氢氧化钙，在短时间内使水的氢氧根离子浓度迅速达到0.01摩尔/升以上（pH值为11以下），从而杀死病原体、敌害生物和野杂鱼类。还能中和或改变底泥的酸碱度，使池水呈弱碱性，提高水的缓冲能力。同时，补充了水中的钙离子，钙是鳖生长发育的营养元素，特别是产卵鳖不可缺少的营养元素。

生石灰清塘可分干法清塘和带水清塘两种方法。一般采用干法清塘，在水源不便和不易排水的池子才用带水清塘。

干法清塘是先将池水排至5～10厘米深，在池边或池角挖几个小坑，将生石灰倒入坑内，加水化开后，不待冷却就向池四周均匀泼洒，边缘和池中心都要泼洒到。为了提高清塘效果，次日可用铁耙将池底淤泥耙动一次，使石灰浆充分与淤泥混合。干法清塘不必将池水完全排干，否则泥鳅等野杂鱼类钻入泥中杀不死。干法清塘生石灰的一般用量是每亩50～75千克，淤泥较厚的池子可相应增加10%的用量。带水清塘是将池水排至1米深左右，在池边或池角放几个容器，将生石灰放入容器中用水化开，不等冷却就向池中均匀泼洒。带水清塘每100平方米水面用生石灰20～25千克。

生石灰清塘药性消失的天数一般为7～10天，晴天消失快，阴天消失慢，干法清塘快，带水清塘慢。在药性消失后放养前还必须试水，就是将少量鳖放入池的网箱内养几小时，观察是否有不良反应。

2. 漂白粉清塘

效果与生石灰相同，但药性消失快，3～5天就可放鳖，对于急于使用的鳖池更为适宜。漂白粉一般含有效氯30%左右，经水解后产生次氯酸和碱性氯化钙，次氯酸立刻放出活性氯和新生态氧，有强烈的杀菌和杀死敌害生物的作用，但它没有生石灰那种改良水质和底质的作用。

漂白粉清塘也分干法清塘和带水清塘两种。若池水深1米每100平方米用漂白粉2千克，使池水漂白粉的浓度达到20克/米^3；若池水只留5～10厘米深，则每100平方米漂白粉的用量为

0.8～1.5千克。漂白粉易受潮分解失效，所以使用前应测定有效氯的含量，如果含量降低则应根据实际有效氯含量推算出漂白粉实际用量。使用前先将漂白粉用水溶解，立即均匀地向全池泼洒。漂白粉清塘的池水要瘦，否则肥水池的消毒效果就会降低。

二、亲鳖的放养要求

1. 放养时间

一是秋放，即在冬季来临之前，通常是10～11月份，水温不低于15℃时放养，当进入冬眠期时，亲鳖可完全潜入泥沙中越冬。若是在冬天放养，会影响其冬眠，造成死亡。二是春放，春天水温升至15～17℃时，就可放养亲鳖，经过一段时间对环境的适应，亲鳖就会开始摄食。

2. 放养密度

亲鳖的放养密度视个体大小和池子的条件而定。池子的条件好，换水能力强，1.5～3千克的亲鳖每平方米放一只，1.5千克以下的每平方米放1～2只，最好每亩不超过300只。

3. 鳖体消毒

最常用的有以下两种方法。

（1）高锰酸钾　配制成100毫克/升的高锰酸钾溶液，将亲鳖放入其中浸浴5～10分钟。

（2）食盐　配制成3%～5%的食盐溶液，将亲鳖放入其中浸浴5～10分钟。

4. 放养方法

放养时将存有消毒鳖的箱或筐轻轻放入水中，让鳖自行爬出，游入水中。

三、亲鳖的饲养管理

1. 水质调整

水是鳖赖以生存的环境，亲鳖池的水位在春秋季控制在0.8～1.2米，夏天保持在1.5～2米，无论什么季节，在一段时间内要保持池水水位稳定。池水水质应保持肥沃清新，活而爽，使水色呈淡绿色或茶褐色，透明度为30～40厘米为宜，pH值保持在7.2～7.6。并根据水质变化每隔15天左右换水一次，换水体量宜在30厘米左右，每个月施用一次生石灰（10～15毫克/千克），既可消毒鳖池、防病、控制水质变肥，又可增加水中钙质。6～9月是鳖的主要生长季节，控制水质尤为重要，在此期间要求加深水位，水色呈褐绿色为好，为稳定亲鳖池的水质可适当套养鲢、鳙及鲫鱼，套养量每100平方米分别放40～50尾。换水时注意不要有流水声响，尤其在亲鳖的交配、产卵期。每天要打扫食台，清除废渣，保持水质和周围环境的清洁。

2. 饲料投喂

亲鳖饲养得好坏直接关系到产卵数量、质量和批次。亲鳖产卵前后需要大量的蛋白质和其他营养物质，所以要求饲料中蛋白质的含量在40%～50%，脂肪含量越低越好，一般在2%以下，但在冬眠前可提高到3%～5%，而碳水化合物最高不超过20%。饲料中蛋白质应以动物性蛋白质为主，占80%以上，因此饲料原料的组成要以含蛋白质丰富的动物性饲料为主，适当辅以少量植物性饲料。亲鳖产卵繁殖季节，需要消耗大量的钙、磷等，应适当添加钙、磷等元素于饲料中，当然还有维生素。同时还应投喂一些鲜活饲料（如鱼、虾、蚌、螺、蚯蚓等），特别是在繁殖季节投喂一定数量的螺蛳，既满足了鳖对营养的要求，又增加了对钙的吸收。螺蛳可分批投喂，也可一次喂足，每100平方米放50千克左右，亲鳖一时吃不完，螺蛳可在池中生长繁殖，增加数量，又可清除池中废物，净化水质。此外，还应经常投喂一些肉类加工后的副产品和少量植物性饲料。鲜活饵料可投在水中，但要定点，配合饲料应投在饵料台上。投喂量要视饲料种类而定，鲜活饵料每天喂食量占总体重的5%～10%，如果是鱼类一定要除去内脏，以免败坏水质。要将鲜活饵料进行清洗消毒，干的全价配合饲料为总体重的1%～1.5%。同时投喂量还要视天气、水温、鳖的摄食强度变化而略有不同。

（1）产卵前和产卵期间　此时应多投喂蛋白质含量较高的饵料，投喂量先试后定，每天（或隔天）投一次，盛夏期间，鳖的代谢作用旺盛，摄食量明显增加，应在白天投喂2次，即上午9时前和下午4时后各一次，日投饵量为鳖体重的5%～10%，在投喂时要做到定质、定量、定时、定点原则。

（2）产卵后期　亲鳖在产卵期过后，体内营养大量消耗，需补充营养，强化培育，此时，应多投一些富含蛋白质和脂肪的动物内脏，以增加体脂积累，增强体质，提高越冬抗寒能力，以利于翌年提前产卵。据研究，8月份亲鳖产卵结束后，会很快转入下一个性腺发育周期，9月份雌鳖卵巢系数为1.4%，到10月底便很快增加到5%，因此对产后至冬眠前的亲鳖培育不可掉以轻心。

3. 巡塘

坚持早、晚巡塘检查，随时掌握鳖吃食情况，以便调整投饲量，观察亲鳖的活动情况，如发现有行为异常的鳖或病鳖，应及时隔离；勤除杂草、敌害、污物；及时清除残余饲料，清扫食台，查看水色；搞好防逃设施，做好巡塘日志。发现防逃设施损坏要及时修好，防止蛇、老鼠、鸟类对鳖的侵袭，防止蚊虫的叮咬。

4. 病害防治

在病害防治上应做到"防治结合，防重于治；无病早防，有病早治"。具体可通过以下一些环节来实现防治：①环境消毒；②鳖体消毒；③饲料消毒；④工具消毒；⑤饲料台与晒台消毒；⑥通过内服药防治。

第五节

交配时间和交配行为

一、交配时间

鳖为多次产卵动物。同一雌鳖卵巢发育先后不一，常出现3～4种不同大小、不同成熟期的卵粒群。这些卵粒不断地发育成熟，因此，其受精过程是不断进行的。雄鳖可多次交配排精，雄鳖的精子通过雌雄交配进入雌性输卵管中，能保持存活并具有受精能力的时间竟达半年以上，因此，当年越冬前交配过的雌鳖，在单养的情况下，到第2年生殖季节产出的卵，仍可受精孵化。由此看来，鳖没有固定的发情期，但以春季冬眠苏醒后和秋季冬眠前为交配高峰。每年当水温上升到20℃以上时，即每年的4月下旬至5月上旬，性成熟的亲鳖就会开始发情交配，这一行为可持续到8月份。交配的时间一般在晴天的下半夜和凌晨，整个交配环境要求安静无声，不能被外界环境所干扰。

二、交配行为

鳖不是一夫一妻制的动物，一只雄鳖周围可以有三四只雌鳖，鳖一年可以交配2～3次，鳖没有发声器官，在交配季节主要依靠特殊的气味吸引对方。亲鳖的发情交配行为一般不易被发现，因大都是晚上在水中进行。发情时，雄鳖十分兴奋活跃，雌鳖在水中潜游，雄鳖不断追逐嬉戏，碰头打闹，甚至互咬裙边，待调情一段时间后，雌鳖才会让雄鳖骑在背上，雄鳖用嘴咬住雌鳖的颈部，四肢抱紧雌鳖，尾部下垂，将交接器插入雌鳖泄殖腔中交配，雄鳖后裙边稍作上下振动，一般交配3～5分钟结束，也有长达1个小时的，交配完成后潜入水中。

第六节

鳖卵的收集

一、产卵场的准备

雌鳖交配后20天开始产卵，产卵前重点要做好产卵场（彩图8-3）的清整工作，将沙床翻松，补充沙子整平，去除杂草等一些杂物，疏通排水渠道，保持沙子湿度适中，沙子过干的要适当浇水保持湿润，沙子过湿要看看排水沟渠有无堵塞。

二、产卵行为

鳖会根据当年的旱涝情况选择地势来产卵，如果预计有洪水就会选择地势高的地方产卵，如果有干旱就会选择地势低的地方产卵。产卵通常在夜间进行，又以下半夜居多。选好产卵场地后，雌鳖头部对着水面，用前肢支撑固定身体，后肢交替，在地上挖一个直径5～10厘米、深度10～15厘米的洞穴，挖洞时间大约半个小时，洞穴挖好后雌鳖将尾部下伸靠近洞穴，通过有节奏的伸缩将卵产入洞中，产卵数量根据鳖的大小、年龄、温度等不同而不同，一般在10～30枚，产卵时间大约半个小时，产卵完成后雌鳖会将刚刚挖出的沙土扒回洞中，将洞覆盖好，同时用腹部将洞口的沙子压平压实后离开。鳖的产卵期集中在5～9月，6～8月为产卵高峰期，特别要注意保持产卵时的整体环境安静。

三、鳖卵的收集

亲鳖产卵始于5月中旬左右，收集鳖卵（彩图8-4）工作从5月上旬就应开始，因此需提前做好收集鳖卵的准备工作。在产卵前期和后期，由于产卵量较少，一般可以3天左右收集一次鳖卵，但在6～8月产卵高峰期，则应坚持每天收集鳖卵。鳖卵的收集可在日出前，露水未干时进入产卵场地寻找产卵窝，鳖在产卵时，一般都会在沙土上挖穴，然后将卵产在此穴中，最后再用沙土覆盖穴口，新挖沙土较原沙土表层要湿润，据此，我们不难找到产卵窝。还可以根据鳖在沙土上爬行的足迹来寻找产卵窝。此外可以根据沙面情况，发现沙面有压平痕迹也表明此处为产卵地。同时，还要检查一下产卵场外的空地，以防亲鳖到处挖穴而被遗漏。一旦发现卵穴后就在旁边插上标记，需注意的是，不要马上挖卵，因为刚产出的鳖卵其胚胎尚未固定，卵的动物极与植物极不易分清，应等待8～30小时，鳖卵两极能够明显地辨别时再行采收。

采集鳖卵采用泡沫箱或特制的浅木箱收运，箱底铺3～5厘米的细沙或者松软物（如稻壳等），用以固定卵位和不使其颠倒，采集时用竹片将产卵地上方的沙土轻轻拨开，用手将鳖卵一个一个取出放入泡沫箱中，每个鳖卵放置时相互间保持一定的间距，间距1厘米较适宜，避免互相磕碰，注意轻拿轻放，且注意保持鳖卵原有的形态，鳖卵动物极向上，整齐地排列在卵箱中，切莫将两极方向倒置，否则将影响胚胎正常发育而降低孵化率。鳖卵两极容易识别，凡卵顶有白点的一端为动物极，另一端为植物极。不要上下颠倒或者大力摇晃。鳖卵采收完毕后，应将卵穴重新填平压实，把地面沙土平整好，再适量洒些水，使沙土保持湿润，以利下批亲鳖产卵和人工寻找卵穴。

卵收集后，要剔除无精卵。鉴别受精卵和无精卵可根据气温高低于产后8～30小时，从卵的外观来判断。卵在胚胎发育初期，卵壳顶有一白点，其边缘清晰圆滑，则为受精发育良好的卵，其白色的一端为动物极；如果卵壳外表看不见白点，或者白点呈现大块白斑，在发育过程中不再扩大则为未受精卵，应及时剔除，避免未受精卵腐烂发霉影响周围其他卵的正常孵化。收集的卵要避免阳光直射，当日收集的受精鳖卵，标记取出时间，送孵化器孵化。

第七节

鳖卵的孵化

一、影响孵化的因素

鳖卵的孵化受多种因素的制约，在自然条件下一般需要50～70天，且孵化率不高，在人工条件下，通过人为控制环境条件，孵化率可以达到70%～90%。影响人工孵化的因素主要是湿度、温度和通风透气。

1. 湿度

孵化沙床的湿度过大（含水率大于25%），会影响卵的呼吸透气；湿度过低，含水率小于5%，卵容易脱水死亡，孵化沙床的湿度以8%～10%为宜。在实际操作过程中以手握紧沙子后松开成团不散，但轻轻碰击能自然散开较好。若沙子握紧不能成团则适量喷水，若沙子握紧后有水渗出说明含水率太大或排水不畅。

2. 温度

鳖能够耐受的孵化温度为22～36℃，在温度低于22℃时，胚胎发育停滞，在温度低于25℃时胚胎发育缓慢，在温度高于36℃时，胚胎在几个小时内就会死亡。一般最适孵化温度为30～34℃，在适温范围内随着温度的升高，胚胎发育速度加快，在30℃时胚胎的整个发育积温需要36000℃·小时左右，在人工孵化时尽量保持温度的恒定，温度上下波动不能较大，有利于胚胎的正常发育，同时为了减少孵化时间，人工孵化过程中一般采用较高的孵化温度来孵化。不过由于孵化过程中的雌雄比例和孵化温度直接相关，一般孵化温度越高雌性稚鳖的比例也就越高，所以设置的孵化温度除了考虑孵化时间的长短外，还需要考虑稚鳖的雌雄比例。

3. 通风透气

鳖在孵化过程中需要充足的氧气，特别是在胚胎发育后期，对于氧气的需求量更大，一旦缺氧就会造成卵的大批死亡。所以整个孵化期间的空气质量对孵化率影响较大，在孵化过程中要注意定时通风，同时要特别注意孵化介质的透气性能，如沙床的含水率过高或者沙粒过小而板结，会妨碍空气进入沙体，导致受精卵缺氧窒息死亡，所以沙粒大小的选择非常重要，过大不容易保水，过小不容易透氧，一般选择0.6毫米左右的沙子作为孵化沙床用沙。

二、人工孵化

鳖受精卵发育的适温是24～35℃，在此范围内，温度高发育速度快，温度低则发育速度慢。

1. 室外孵化

孵化场地应选择地势较高、通风干燥的地方，面积为1～3

平方米为宜，周围砌高约1.2米的围墙，墙四周有排水孔和通气孔；底面略倾斜，底部铺上粗沙，厚约10厘米，然后再加5厘米厚的细沙作孵化床。鳖卵按产出的先后，从高往低依次排列在孵化床上，排列间距为1厘米左右，卵上面覆盖2厘米厚的细沙，标记排卵时间。胚胎在孵化期间如超过38℃就会死亡，而温度过低也会影响发育，应注意温度的控制。孵化期内不要翻卵，还要防止蛇、鼠等敌害。孵化时还要注意遮阴挡雨，在孵化过程中要注意适当洒水，以使沙土保持湿润状态，特别是天热干旱时，洒水次数要适当增加。另外要注意保持孵化沟排水良好，周围不能积水。孵化后期，稚鳖即将孵出之前需在孵化场周围围上防逃竹栅。由于这种方法完全是靠自然温度孵化，没有加温措施，孵化温度不能控制在最适温度范围内，因此鳖卵孵化的时间一般较长，孵化率也不甚稳定。

2. 室内温室孵化法

大型养殖场可以修建一个10～20平方米的孵化房，基本可以满足孵化生产需要。孵化房四周和墙壁要采用隔热保温材料，活动部位加密封，门窗用双层或加双层玻璃，孵化温室要能够精确地控温控湿，采用自动控温和自动控湿装置。一般采用电炉或红外线加温，孵化房内设置孵化架，便于孵化盘的架设。

孵化器采用塑料箱或者其他适宜材料专门制作，也可利用现有的木箱、盆、桶等多种容器代替（彩图8-5），但注意孵化用的盘、盆等要求能够耐高温和潮湿环境，不易腐烂。孵化器底部钻有若干个滤水孔，先在孵化盘内铺设3厘米厚的沙子，然后将鳖卵一个一个整齐放置在孵化盘内，放好后在卵上覆盖3厘米厚的沙子。孵化器内沙土要有一定的含水率，孵化期间，每隔3～4天喷水1次，保持孵化沙床湿润，但不要积水过多，一般喷水后的沙土以用手捏成团手松即散为度。孵化沙床温度应控制在30～33℃范围内，这样经过40天左右的孵化，稚鳖就能破壳而出。

3. 简易加温孵化箱法

用一大一小两个木箱，将小木箱放入大木箱内，小木箱内放入 2～3 层的孵化盘，两箱之间填充保温材料，在孵化箱底部铺 5 厘米左右厚的细沙，然后再在沙上排放卵，卵与卵之间保持 1 厘米左右的间隙，并根据孵化器深浅，排卵 2～3 层，但不要超过 3 层，每排一层卵都要在其上盖一层厚 3 厘米左右细沙，排卵盖沙完毕，在小木箱中安装 1 个 40 瓦灯泡，采用灯泡加热控温，大木箱加盖，形成简易的加温控温环境孵化。这种孵化方式较为简易，但温度控制不均衡，孵化量小，只适合家庭或个体养殖生产者小规模孵化使用（彩图 8-6）。

三、孵化注意事项

（1）排卵时动物极一定要朝上，不同时间分批排的卵，要分别做好标记，箱沿四周易干燥，排卵时不宜太靠边。

（2）对孵化室和孵化箱消毒清扫，孵化用的细沙洗净，然后用 20 毫克/千克的漂白粉浸泡消毒、洗净、晒干，有条件的养殖场还可以定期用紫外线灯对孵化室进行消毒。

（3）受精卵在孵化期的最佳室温为 28～30℃，25℃ 以下，胚胎发育缓慢，38～40℃，胚胎在几小时以内即会死亡，因此最好能保持温度恒定和湿度恒定。

（4）每天在中午气温较高时，可以开动排风扇或者开窗通风，每次通风时间以半小时为宜，使得室内温度降低不超过 2℃。

（5）为了使稚鳖的出壳时间相对集中，要求同批孵化的鳖卵产出日期不能相隔太长，通常 3～5 天内产出的卵作为一批。

（6）一般受精卵在 30 天内胚胎发育尚不稳定，对震动较为敏感。震动会影响胚胎正常发育甚至造成死亡。因此，在孵化期间应尽量避免翻动和震动，在必须搬动时应轻拿轻放。

（7）为了使孵化过程中各孵化箱的孵化温度和湿度尽量相

同或者接近，保障鳖卵能够同步均衡发育，孵化期间可以每隔5～6天对同一孵化架上的不同层的孵化盘进行位置互换，保证同步出苗。

（8）鳖卵孵化时，应防止各种敌害生物侵害，做好日常检查和记录，对于坏死的鳖卵，要及时去除，防止霉菌感染。

（9）预计稚鳖即将出壳的前几天，在孵化箱、孵化场（床）内埋一小盆，盆口与沙面相平，盆内放一些清水，出壳后的稚鳖对水非常敏感，它会寻找水源位置，沿沙床爬入盆中，便于聚集。

（10）刚出壳的稚鳖比较娇嫩，有的还带有脐带，此时不要马上搬动，更不要人为地剥落脐带。应在湿沙上或浅水盆内暂养2～3天，然后再移入稚鳖池内喂养。

四、鳖卵的发育过程

正常发育的鳖卵色泽光亮，孵化时底部卵壳周围会有水珠。在孵化过程中鳖卵外壳颜色会随着孵化时间的不同而改变，因而可以通过卵壳表面的颜色来判断孵化时间。现介绍一下在常温条件下（30℃左右），胚胎发育过程中卵壳表面发生的变化。

（1）初产受精卵　卵壳新鲜而有光泽，呈淡粉红色或乳白色，经过8～24小时后，在卵壳一端出现1个圆形白色亮斑即胚胎所在的位置，称为动物极，白色亮斑出现的快慢与环境温度有关。白色亮斑逐渐扩大，其边缘清楚圆滑，动物极和植物极分界明显。将卵对着强光看，可见内部透明（彩图8-7）。

（2）1周卵　壳面白色亮斑扩大，呈圆形的白色亮斑区占卵表面的20%。对着强光看，卵内有血丝分布。

（3）2周卵　圆形白色亮斑区占40%，血丝明显。

（4）3周卵　圆形白色亮斑区占60%，下端壳面呈黄色，对光看，卵内胚胎可显出一团黑影。

（5）4周卵　圆形白色亮斑区占70%，下壳由黄色逐渐转为橘红色，对光看，卵内胚胎略有活动。

（6）5周卵　壳面基本变白，壳底残留一块橘红色，色彩鲜艳，对光看，上端为气室，中间黑影为胚胎，下端为淡红色的卵黄。

（7）6周卵　壳面呈青灰色，表明卵黄已经吸收完毕，对光看，壳内黑影活动明显。

（8）出壳卵　壳面转为粉白色。胚胎发育完成，在环境温度、湿度适宜时即破壳而出，出壳时间多在傍晚及黎明前后。

五、人工诱发稚鳖出壳

鳖卵的孵化期一般为40～70天，同一穴卵孵出时往往有十几天的差距。为促使稚鳖出壳相对集中，便于饲养管理，采取人工诱发出壳的方法。当卵孵化已达积温总值，稚鳖即将出壳时，将这些卵放入盆中，徐徐倒入20～30℃的清水，至完全浸没卵壳为止，由于水对卵的刺激作用，加快了稚鳖的出壳速度，一般经几分钟后就有大批的稚鳖破壳而出。刚出壳的稚鳖羊膜尚未脱落，还有豌豆粒大的卵黄尚未吸收，可在浅水盆中暂养1～2天，待卵黄吸收，羊膜自然脱落，再转入稚鳖池饲养。经10～15分钟稚鳖仍不出壳，应立即捞出放进沙中继续孵化，此时卵壳极脆，操作中应防止卵壳破裂，影响稚鳖出壳和未能出壳稚鳖的正常发育。

六、稚鳖的收集和暂养

根据鳖的孵化积温，可以准确推算出稚鳖的出壳时间，一般鳖的孵化积温需要36000℃·小时，当达到孵化积温，胚胎发育完全后，稚鳖会用嘴和前肢撞击卵壳，经过4～5分钟的撞击挣扎，方破壳而出，此时就要注意稚鳖的收集工作。当孵化房中第1只稚鳖破壳而出跌落水中时，即已拉开稚鳖收集的序幕。此时，千万不要将少量稚鳖立即捉出。一是因为刚刚孵化出的稚鳖，其羊膜尚未脱落，脐孔还未完全封闭，体质太弱，立即捕捉则易伤易病；二是因为大批量稚鳖的孵出还需时间。鳖卵人工孵化的生产实践表明，大批量稚鳖孵化出的日期出现在首只稚鳖孵出后的第3～4天，若孵化出1只就捕捉1只，既劳民伤财，又不利于饲养。稚鳖收集的标准是羊膜脱落、脐孔封闭和孵化出的稚鳖数量至少能满足1口鳖池的放养。为此，一般是将孵化出的稚鳖在孵化房内关1天后再捕捉。此时可以先行将捕捉稚鳖用的盆等容器准备好，清洗消毒待用。

刚出壳的稚鳖（彩图8-8）背部呈土黄色，腹部为橙红色，腹部脐孔有胎膜，上有血丝，出壳3～5小时后变成乳白色，然后脱落。稚鳖体呈扁圆形，状似铜钱，故又称铜钱鳖。刚出壳的稚鳖在浅水盆中暂养3～4天后，待其卵黄完全吸收并开始摄食时，即可转入稚鳖池饲养。稚鳖一般体长2.8厘米左右，体重2～4克。

刚孵化出的稚鳖比较娇嫩，捕捉和收集时要十分小心。捕捉稚鳖时，首先切断孵化房内的电源，停止用红外灯等加热器加热。打开孵化房的门、窗，利用12小时左右将孵化房内的温度、湿度调整到与外界基本相同，其次是准备好内壁光滑的容器（如塑料盆等），清洗干净后待用，以盛放稚鳖。由于开门和开窗，受降温和通风的影响，此时孵化房内的稚鳖会大批破壳孵出，与前一天孵化出的稚鳖混杂在一起，因此，收集稚鳖时切不可见鳖就捉，一定要经过挑选，将羊膜已脱落、脐孔已封闭的稚鳖捉进塑料盆中。稚鳖捕捉时最好将两手掌合拢，轻轻插入鳖群下面，然后慢慢地将稚鳖捧出水面，再放进盛有1/3水量的塑料盆中。一般1个塑料盆盛放稚鳖500只左右，即可送出孵化房进行稚鳖消毒，千万不可将稚鳖盛放在无水的干塑料盆中，也不可一次盛鳖过多，以免造成稚鳖受伤和死亡。

第八节

鳖的育种技术

育种技术是指通过创造遗传变异、改良遗传特性，以培育优良动植物新品种的技术。其主要通过家系选育、多性状复合育种、分子辅助育种等技术为重点，开展优质、高产、抗逆性强的优良新品种选育和育种材料创新工作，提高水产养殖良种供给率和更新效率，显著提高我国水产主导养殖对象良种覆盖率。中华鳖的育种主要指利用各种遗传学方法，培育出高产、优质、抗逆、抗病、具有特定遗传性能及优良性状的中华鳖的培育过程。一直以来，中华鳖苗种供应不足，长期大量从台湾和东南亚引进中华鳖苗种，导致我国中华鳖种质混杂、病害增加，再不开展中华鳖的育种技术研究，将严重制约中华鳖产业的可持续和健康发展，因此开展中华鳖良种选育方面的工作重要而紧迫。

一、鳖的品种

我国的中华鳖种质资源丰富，存在不同的地理群体，不同产地或不同水系的中华鳖在生产性状、体表颜色、裙边大小等方面都存在一定的差异。按照水系不同或产地不同可将中华鳖分为黄河鳖、淮河鳖、鄱阳湖鳖、洞庭湖鳖、台湾鳖、崇明鳖和太湖鳖等，不同的地理品系可以为种质研究和良种选育提供丰富的材料。此外还有泰国鳖、美国鳖等国外品种。

二、引种驯化

引种和驯化是中华鳖养殖育种的首要环节，引种是指把外地或国外的新品种或品系及研究用的遗传材料引入当地。引种具有简便易行、见效快的优点。引种能否成功，决定于引种地区与原产地区的生态条件差异程度，差异越小引种越容易成功。引种时需要考虑的生态条件包括气温、日照、纬度、海拔、土壤、降水分布等，引种以从原产地或者种源地获得的纯种个体或者遗传谱明确的个体作为种源。目前野生的中华鳖资源越来越少，引种时要从具有一定规模的原种场或者良种场引进。所谓驯化，是对动物行为的控制与运用。由于动物行为与生产性能之间有密切的联系，掌握动物的行为规律和特点，通过人工定向驯化，可以促进生产性能的提高和产生明显的经济效果。长期以来，由于人类掌握了对动物驯化的手段，有了使动物按照人类要求的方向产生变异的可能性，中华鳖的驯化是将具有特定遗传性能的野生鳖，使其生活习性、生理形态等朝着人类需要的方向发展的过程。开展引种、驯化工作，必须妥善考虑驯化和引种对象本身的生物学特性和当地的生态条件。外地的优良品种如果不能适应当地的条件，优势就可能发挥不出来，也就达不到预期的效果。

三、选择育种

选择育种是从现有的种质资源群体中，选出优良的自然变异个体，使其繁殖后代来培育新品种。选择又分自然选择和人工选择。自然选择是自然环境条件对生物的选择。人工选择是通过一定的程序，将符合人类一定目标的生物选出，使其遗传性渐趋稳定，形成新品种。人工选择使群体向着对人类有利的方向发展，选择就是使群体内的一部分个体能产生后代，其余的个体产生较少的后代或不产生后代。选择的实质就是造成有差别的生殖率，从而能定向地改变群体的遗传组成。变异是选择的基础；遗传是选择的保证，没有遗传，选择就失去了意义。通过选择把有利的变异保留和巩固下来，同时选择还促进变异向有利的方向发展，使微小的变异逐渐发展成为显著的变异，从而创造出各式各样的类型和品种。

中华鳖选择育种是根据育种目标，以一个或多个性状作为参考依据，对一个原有品种进行有目的、针对性地选择淘汰，从而选育出集多种优良性状于一体的新品种的方法，选择育种可使被选个体或群体比原始群体更适合于特定的生产目的。例如，中华鳖日本品系是1995年6月从日本引进均重250克的原种2000只，试养于独立外塘中。1997年进行人工繁殖，获得成功，在引进中华鳖日本原种的基础上经五代群体选育而成的新品种，中华鳖日本品系具有生长速度快、外形优美、活体货架期长等优点，生长较普通中华鳖快25%以上。清溪乌鳖是从中华鳖野生体色变异个体经过5代扩繁而成的遗传稳定性优异的新品种，具有独特的乌黑腹部体色，营养价值高，是中华鳖遗传育种研究的优良材料。

四、杂交育种

杂交育种是将两个或多个品种的优良性状通过交配集中在一起，再经过选择和培育，获得新品种的方法。杂交可以使双亲的基因重新组合，形成各种不同的类型，为选择提供丰富的材料。杂交育种可以将双亲控制不同性状的优良基因结合于一体，或将双亲中控制同一性状的不同微效基因积累起来，产生在该性状上超过亲本的类型。正确选择亲本并予以合理组配是杂交育种成败的关键。以杂交方法培育优良品种或利用杂种优势称为杂交育种。杂交可以使生物的遗传物质从一个群体转移到另一个群体，是增加生物变异性的一个重要方法。不同类型的亲本进行杂交可以获得性状的重新组合，杂交后代中可能出现双亲优良性状的组合，甚至出现超亲代的优良性状，当然也可能出现双亲的劣势性状组合，或双亲所没有的劣势性状。育种过程就是要在杂交后代众多类型中选留符合育种目标的个体进一步培育，直至获得优良性状稳定的新品种。由于杂交可以使杂种后代增加变异性和异质性，综合双亲的优良性状，产生某些双亲所没有的新性状，使后代获得较大的遗传改良，出现可利用的杂种优势，并在水产的品种改良和生产中发挥巨大作用，是水产育种的基本途径之一。在杂交育种中应用最为普遍的是品种间杂交（两个或多个品种间的杂交），其次是远缘杂交（种间以上的杂交）。

杂种优势是指两个遗传组成不同的亲本杂交产生的杂种第一代，在生长势、生活力、繁殖力、抗逆性、产量和品质上比其双亲优越的现象。杂种优势是许多性状综合地表现突出，杂种优势的大小，往往取决于双亲性状间的相对差异和相互补充。一般而言，亲缘关系、生态类型和生理特性上差异越大的，双亲间相对性状的优缺点能彼此互补的，其杂种优势越强，双亲的纯合程度越高，越能获得整齐一致的杂种优势。杂种优势往往表现于有经济意义的性状，因而通常将产生和利用杂种优势的杂交称为经济杂交，经济杂交只利用杂种子一代，因为杂种优势在子一代最明显，从子二代开始逐渐衰退，如果再让子二代自交或继续让其各代自由交配，结果将是杂合性逐渐降低，杂种优势趋向衰退甚至消亡。

绿卡鳖是以洞庭湖鳖（早♀）和黄河鳖（♂）杂交得到的子代经过5代群体选育获得的杂交种，其存活率达到100%且生长速度大于黄河鳖，而在稚幼阶段明显优于其亲本。英明中华鳖是通过采用连续杂交技术对不同品系中华鳖（鄱阳湖品系、台湾品系、黄河品系和日本品系）进行遗传选育而得到的新品种，结果显示选育出的英明中华鳖后代杂交优势明显，可成为一个良好的中华鳖杂交群体。不同群体间杂交能提高生长速度，改良经济性状，施军等以黄沙鳖（♂）×中华鳖（♀）杂交获得的子代以及徐银荣以日本鳖（♀）×中华鳖（♂）杂交获得的子一代均具有生长速度快、成活率高和抗病力强的特点。中华鳖地理群体的遗传多样性丰富，杂交会加强遗传多样性的产生，这为中华鳖的良种选育提供良好的遗传背景。黄雪贞等采用RAPD技术对日本群体（♀）×黄河群体（♂）的杂交子代进行遗传多样性分析，显示杂交子代遗传多样性优于亲代（曾丹，2017）。浙新花鳖以中华鳖日本品系为母本，清溪乌鳖为父本，杂交获得F1代，即为浙新花鳖。浙新花鳖生长速度快，较母本中华鳖日本品系高10%以上，腹部黑色花斑明显。在相同养殖条件下，同等规格的幼鳖经过16个月养殖，生长速度比母本提高14%以上。

五、转基因育种

转基因育种是以转基因技术为核心，融合了分子标记、杂交选育等常规手段的一种先进的育种技术。它突破了传统育种方法难以解决的遗传障碍，从而能更有效地改造作物性状，培育出更加高产、优质、多抗的新品种；传统育种是依靠品种间的杂交实现了基因重组，而转基因育种是通过基因定向转移实现了基因重组，两者本质上都是通过改变基因及其组成以获得优良性状。转基因育种的优势在于可以实现跨物种的基因发掘，拓宽遗传资源的利用范围，实现已知功能基因的定向高效转移，使生物获得人类需要的特定性状，为高产、优质、高抗农业生物新品种培育提供了新的技术途径。转基因育种仅涉及单个基因或几个基因的交流。从遗传信息内容分析，这种基于对基因进行精确定向操作的育种方法，效率更高，针对性更强，也更清楚、更明确、更具体。

在中华鳖育种中开始采用转基因技术大约是在20世纪70年代，当时兴起的遗传改良育种技术在养殖生物中开展应用，转基因技术能够克服生殖隔离，从而快速定向培育出新的养殖品种。基于朱作言等开展鱼类转基因工程育种取得的转基因鱼模型理论，李林春等通过电脉冲处理携带有鱼类基因的中华鳖精液，人工授精后对阳性转基因鳖的生长优势进行测定，结果初步表明转"全鱼"生长激素基因的代幼鳖有一定生长优势，这也是中华鳖分子育种技术在转基因育种研究中的一种有益探索。

第九章

稚鳖、幼鳖的培育

- 第一节　稚鳖室外培育技术
- 第二节　稚鳖的温室培育技术
- 第三节　幼鳖的培育

　　由于不同阶段中华鳖的生长速度和营养需求不同，且有相互打斗残杀的现象，所以必须将不同规格的中华鳖分开饲养，这样可以有效减少其相互打斗，从而提高成活率。自然界中稚鳖大多在7月中旬开始孵化出壳，一直延续到10月中旬。当水温降至15℃以下时，鳖进入冬眠，持续到翌年4～5月，冬眠期长达6个月左右，在整个冬眠期稚幼鳖体重要减轻10%～15%，且越冬后体质弱，特别是后期孵化出来的稚鳖，成活率较低，所以人工养殖过程中稚幼鳖的培育十分重要。

第一节
稚鳖室外培育技术

　　刚孵出的稚鳖比较娇嫩，活动能力差，体重仅有3～5克，觅食能力和抗病力较弱。如果直接放入池塘进行养殖，生长速度慢，死亡率高，容易感染疾病和遭受敌害的侵袭。因此，稚鳖出壳后要进行强化培育，精心喂养，提高成活率。刚出壳的稚鳖不宜马上收集培育，应在沙盘上或浅水盆中暂养2～3天后再移入稚鳖池进行培育。在自然条件下，稚鳖的当年生长期很短，适应能力差，越冬死亡率很高，不过培育得好，使其在进入冬眠前体重等大幅增加，则越冬成活率就会提高。稚鳖也有相互之间撕咬打斗现象，在饲养管理过程中稍有疏忽就会造成损失。因此，在稚鳖培育阶段是一个非常关键的阶段，要精心饲养，才能取得较好的养殖效果和经济效益。

一、培育池要求

　　室外培育池要尽量营造仿自然的养殖生态环境，建池面积一般为20～50平方米，可以是水泥池或土池（彩图9-1）。供稚鳖休息的台子可以直接做成斜坡式的。放养前同时做好养殖池施肥培水，稚鳖池水深控制在25～30厘米，不可过深，以减少稚鳖呼吸时在水中的升降幅度，防止体力消耗过大。池内放置占水面约1/3的凤眼莲等植物，可以用拉绳固定植物位置。

二、放养前的准备

1. 水泥池的清整消毒

新建的水泥池在放养前一定要进行脱碱处理，防止对稚鳖产生危害，注满水浸泡7天，适当加入醋酸以中和碱。老水泥池使用前要进行清扫和检修，检查有无渗漏情况。对水泥池清理干净后用1～2毫克/升的漂白粉清池消毒，一般7天药效毒性消退后，方可放养，也可利用土池或者网箱进行培育。

2. 进排水设施的检查

放养前先检查进排水管道是否畅通，防逃设施是否完好，增氧等设备运转是否正常，确保运转正常后方可使用。

3. 培肥水质

放养前7天，注意培肥水质，水体透明度保持在25～30厘米，水色呈嫩绿色或者黄褐色，保证池水中有大量的基础饵料生物，可以为稚鳖早期生长提供丰富的天然饵料。

4. 稚鳖的暂养

从孵化房运出的稚鳖要进行消毒处理，可以在内壁光滑的容器内进行，可用10～20毫克的高锰酸钾溶液浸洗5～10分钟后放入暂养盆中。暂养盆存水5厘米左右，放少量新鲜水草。每平方米可放稚鳖150只左右，暂养时第一天不必投喂，第二天可适当喂一些饲料（如水蚤、丝蚯蚓、蛋黄、稚鳖饲料等），每天换水1～2次，经3～5天的饲养即可转入稚鳖池中养殖。高温季节孵出的稚鳖，一般要求暂养在室内稚鳖池。如要放养在室外，要有一定的遮阴措施，如遮阳网或者池中放些水生植物，既能遮阴避暑，净化水质，还能充当附着物。

三、稚鳖的放养

1. 放养要求

放养的稚鳖规格尽可能保持一致，并尽量一次放足，防止同一池中个体差异太大，新放入的稚鳖会破坏池中原有的稚鳖稳定的生活环境，引起不安和相互撕咬。同时注意放养池水温与原池水水温基本接近，一般温差不超过2℃。操作时注意取放稚鳖速度要轻、快，避免擦伤或相互咬斗致伤（彩图9-2）。无论什么类型的养殖池，都需要给稚鳖修建晒背场和食台。

2. 放养密度

稚鳖放养密度为50～100只/米²为宜，如计划随规格的增大分池饲养，放养密度可适当增加到150只/米²，早期孵出的稚鳖经一个月养殖要分一次塘，密度50只/米²左右；晚期孵出的稚鳖在室内加温养殖一个月，然后逐步降温再行越冬。如稚鳖不打算分池，放养密度以50只/米²左右为宜，在这样的密度条件下，稚鳖形成抢食现象，食量大，生长快。如直接放入室外土池，密度可降低到20～50只/米²。下塘时先将装有鳖的盆放入水中，然后从一边掀起，缓缓地将鳖倒入水中。要分点放入使其分布均匀。

3. 梯级降温

放养时要注意温差，往往孵化房的温度较高，培育池的水温较低，如果超过3℃，就需要进行梯级降温，即每隔3℃让其适应6小时以上后再继续降温，直到与培育池的水温基本一致后方能放养。

四、饲养管理

1. 稚鳖的开食

稚鳖孵出3天后，体内的卵黄已吸收完毕，便开始摄食外界食物。因稚鳖体小、幼嫩、觅食能力差，稚鳖饲料要求优质新鲜，营养全面，适口性好，要精、细、软、嫩、易消化，使稚鳖在当年有限的生长期内达到早开食、晚停食、吃好食的效果。刚出壳的稚鳖喜食熟蛋黄、水蚤、摇蚊幼虫、丝蚯蚓（彩图9-3）、蝇蛆、小杂鱼、小虾等。1周内的稚鳖主要饲料全部采用水蚯蚓或水蚤。水蚯蚓放在饵料台上，水蚤直接投放在水中或者滤去水分做成团状放于食台上，1周后可投喂绞碎煮熟的鱼、螺、蚌及动物内脏等，对于如大肠、蚕蛹、肉粉等脂肪含量高的饲料，最好少喂或不喂，防止稚鳖消化不良，影响发育或污染水质，发生病害。1～2月龄后，可逐渐添加投喂一些植物性饵料，如煮熟呈糊状的麦麸、玉米粉、高粱粉、豆粉、面条及切碎的瓜果蔬菜等。总之，投喂稚鳖的饵料种类要丰富多样。培育稚鳖时，饵料必须充足，否则会影响其生长与发育。

2. 投喂管理

在温度适宜的情况下，稚鳖生长速度的快慢主要与投喂的饲料有关。投喂的饲料要尽量投放在食台接近水面处，便于鳖的摄食。投喂时应坚持"四定"原则，使稚鳖养成定时、定位的摄食习惯。高温季节可分上午、下午两次投喂，秋季每天投喂一次。饲料应投在饵料台上，投喂量可根据天气、水温、稚鳖生长及吃食情况灵活掌握，一般以2小时吃完无剩余为宜。在水温25～30℃的情况下，投喂量应占稚鳖体重的2%～5%。每天投料前要进行食台清扫，以防残饵污染新饵料和败坏水质。

3. 分池培育

由于稚鳖出壳时间不统一，且由于生长速度不统一，往往在饲养一段时间后，稚鳖的大小相差越来越大，因此需要及时地分池培育。分池时将规格基本接近的稚鳖筛选收集放养在同一培育池中，分池前一天可以减少饲料投喂量，降低鳖的应激反应，分池时动作要快，操作要轻，时间要短。

五、水质调控

有人认为，鳖用肺呼吸，水质的好坏对鳖的生长影响不大，其实不然，鳖虽然是肺呼吸，但是它大部分的时间都是生活在水中，喜欢水质清新无污染的水体，因此水质的好坏将直接影响稚鳖的生长与成活率。同时由于人工养殖环境下，稚鳖池较小，水较浅，蓄水深度只有30～40厘米，放养密度又高，残饵和粪便较多，水质极易变坏，因此，必须加强水质管理，需做到：①及时清除残存饵料；②要保持水质清新，可视情况每隔3～5天定时换水1次，每次换水量为水体总量的1/3左右为宜，但池中应保持有适量的浮游生物；③应保持较恒定的水温，高温季节注意池水降温，尤其室外池要搭架遮阴，适当提高水位，换水时温差不要超过3℃，尽量保证换水水温与培育池水温一致；④水体溶解氧含量要保持在5毫克/升，透明度在25厘米左右，pH值要稳定在7.2～8，当pH值低于7.2时，可每立方米水体用生石灰10～15克，制浆全池泼洒，以改善水质。培育池可放少量的水浮莲等漂浮植物：一是改善和净化水质；二是可供稚鳖栖息、隐蔽，减轻稚鳖的互咬，可起到防病的作用。利用生物制剂调控水质，一般每隔10～15天用光合细菌、硝化细菌、芽孢杆菌等生物菌泼洒，改善水质。利用生物底质改良剂改良池底环境。

六、科学防病

稚鳖的病害预防要坚持"预防为主、防治结合"的方针，坚持生态防病与药物预防相结合。生态防病就是改善稚鳖培育池生态环境和水环境，科学投饵，控制放养密度，利用鳖与水生植物种群之间的互利关系，创造一个良好的养殖生态环境。药物预防就是在放养前，对培育池和稚鳖进行药物消毒，操作方法为：每立方米水体用生石灰250～300克，对培育池进行消毒，消毒后将池水排尽，再暴晒2～3天，然后引入新鲜水后再放苗。稚鳖下池前用3%～5%的食盐水浸浴20～30分钟，杀灭有害微生物，杜绝带菌入池，可起到一定的防病作用。随着稚鳖快速生长，个体大小不一，应及时分级饲养，以免小鳖抢不到饵料，导致因饥饿而消瘦，降低稚鳖的抗病力和免疫力，从而引发疾病和造成死亡。总之，稚鳖的预防要以防为主，改善生态环境、水环境，控制病原，结合科学的管理措施，就能达到预防病害的目的。

七、日常管理

日常管理要注意巡塘，在高温、高湿季节的7月份和8月份，要特别注意保持水质新鲜，以防池底有机物质分解而产生沼气和硫化氢等有毒物质。每天清晨和傍晚都要到池边进行检查，了解水质是否正常和稚鳖的摄食情况等。特别注意稚鳖是否有相互咬伤或发生水霉病的情况，做好病害防治工作。

八、越冬管理

当稚鳖出壳后不久，气温很快下降，接近越冬阶段，由于稚鳖娇嫩，抵抗力很差，所以成活率较低。因此，如何采取保温越冬措施，延长当年的生长期，是提高稚鳖成活率的关键。稚鳖如果进行池塘常温越冬，越冬前应投足量营养丰富的饲料，使鳖体储积脂肪，增强体质，用于越冬的消耗，同时也可以在饲料中添加部分维生素以提高越冬期间的抗病力。稚鳖越冬时体重较轻，特别是孵化期较晚的稚鳖生长期过短，对外界的适应能力差，越冬期间死亡率较高。室外越冬时要把池塘水位提高到1.2米以上，在越冬池上搭建塑料大棚，上面覆盖一层杂草，完善塘顶棚架，做好防风防冻的准备，但即使这样稚鳖越冬的死亡率仍然较高。所以有条件的养殖场，必须要修建室内越冬设施，室外养殖气温在10℃左右时，应将稚鳖转入室内培育。将稚鳖转入室内后要集中放在填有30厘米厚度的细沙箱、槽或池中，让其自动钻入沙中，上面覆盖一层杂草，室温要保持在10～15℃，稚鳖越冬阶段的放养密度，以每平方米水面200只为宜。严防鼠害，为稚鳖越冬创造一个适宜的环境。越冬期间水温恒定，水位也要保持恒定，避免稚鳖在冬眠期中醒来。

第二节 稚鳖的温室培育技术

稚鳖的最适生长温度为25～30℃。在此温度下，稚鳖行动活跃，摄食旺盛，生长迅速。稚鳖孵出后，当年适宜生长时间短，自然生长条件下的稚鳖，要经历6个月漫长的冬眠期，在整个冬眠期间，鳖不仅不生长，而且还要消耗体内的营养和能量来维持生存，而稚鳖由于前期营养积累时间短，身体尚未发育完全，进入冬眠期后死亡率很高，采取保温措施、延长当年生长期是提高稚鳖成活率的重要措施，所以目前大多数的养殖场都采用温室恒温养殖越冬。秋后，将稚鳖移入室内，采取增温措施，使水温保持在25～30℃，减少稚鳖的死亡率，该技术已在全国广泛地推广应用。

一、温室的要求

1. 加装隔热保温材料

保温是温室首要考虑的问题，保温效果差不仅浪费燃料或者电能，而且会影响鳖的生长。温室保温措施包括墙壁填充保温材料，门窗采用双层结构，水泥池底壁加装隔热材料等（彩图9-4）。

2. 配备空气加热装置

要有空气加热装置，使得空气温度高于水温2℃左右，这样既不会影响鳖探头摄食，又能保持水泥池水温恒定。最重要的是空气加温后，由于空气温度高于水温，会减少水泥池水分的蒸发，降低空气湿度，有利于鳖正常的呼吸，同时降低环境中有害病菌的滋生。

3. 安装通风采光装置

鳖用肺呼吸，温室内环境密闭，空气流通差，特别是高温高湿环境下，残饵和粪便容易腐败产生有害气体，不利于鳖正常的呼吸，所以必须安装通风装置，保证每天1～2小时的正常通风。全暗的温室，虽然养殖效果也不错，但是在利用阳光对温室的自然加热方面和鳖的晒背需求方面仍有缺陷，所以建议鳖温室屋顶可以采用透光材料，保证阳光能够很好地投射到温室内。

二、鳖池的要求

温室水泥池的大小不宜太大，一般长5～10米、宽1～2米、深度在60厘米，"一"字形两侧排列，中间留走道和排水沟，两侧为水泥池。水泥池要有良好的排污能力，池底向排水口倾斜，坡度为1∶30，排水口要能完全排干池水。

三、放养前的准备

1. 设施设备的准备与消毒

水泥池浸泡消毒，进排水设施、增氧设施检查，网片、食台、工具消毒。

2. 温室的加温

放养前7天，给温室预热，加入28～30℃的水，水深10～15厘米，保持空气温度在30～31℃，建议配备较高温度的热源，可以通过室内的暖气片对空气进行加热后，引入蓄水池冷却待用。工厂化温室中室温的控制在全封闭温室靠控温仪连接通风系统、供热系统来调节；在全采光温室，一靠采光，二靠加热，三靠换气通风系统，这些系统全部采用自动控制装置调控。而水温的调节，在全封闭温室也应由控温仪控制冷热水开关和加热管道阀门，自动进行调节；在半封闭温室，目前大多数还需人工定时测温，调节水温。

四、稚鳖放养

1. 稚鳖的要求

刚出壳的稚鳖背部为淡青色，底板为深红色，同一批稚鳖规格要一致，身体饱满，四肢健全。剔除畸形、体质过弱、体形过小、体形干瘪及有病有伤的个体。稚鳖在容器中活动频繁，如果腹面朝上，马上翻身并试图找到出路并逃跑的个体质量较好；否则个体质量较差。吃食时拼抢积极的为质量好的个体，如果吃食时拼抢能力差，要等其他的个体吃完后才进入食场摄食，摄食的时间较长者为质量较差者。手拉稚鳖，其颈部上扬，用手指接近稚鳖吻端，立即做出攻击动作的稚鳖质量较好，如果拿起稚鳖后，其脑袋朝下，没有任何攻击倾向的则质量较差。

2. 放养密度

要求规格在3克以上，大小相差不超过1克，每平方米放养稚鳖30～40只。

3. 注意温差

注意室内外温差，如果水温温差大，超过2～3℃，则将稚鳖盆一起放入温室，慢慢向盆内添加部分池水，使水温缓慢接近后再将稚鳖放入水泥池。

五、投喂管理

1. 开口诱食

在工厂化养殖的条件下，为了简化操作，也可直接使用配合饲料诱食，开口饵料应是今后投喂的同一品牌的稚鳖料。开口摄食时，首先要制作好饲料浆水，一般以1份稚鳖料加50份水制成，并先掺少量水于稚鳖饲料中调和均匀，然后边掺水边用手搓揉饲料，使饲料充分溶于水中，特别是要将黏团和结块的饲料进行反复搓揉，使之成为均匀的饲料浆水。将调好的饲料浆水分别装进各个浴盆中，每个浴盆盛放饲料浆水8～10厘米深，再向每个盛有饲料浆水的浴盆中放进500只稚鳖使其开口摄食。每次稚鳖摄食的时间为0.5～1.0小时。稚鳖放入饲料浆水中，闻到饲料香味即会开口摄食。用此法投喂的好处有：一是增加稚鳖的营养，增强稚鳖的体质；二是驯化稚鳖识别饲料气味的功能，有利于稚鳖尽快摄食营养丰富的全价配合饲料，促进其生长，第二天就可投喂配合饲料。

2. 稚鳖饲料

稚鳖饲料可用幼鳖饲料或黑仔鳗鱼（200～300尾/千克）的饲料来制作投喂。稚鳖阶段的饲料质量直接影响稚鳖的生长和成活率，因此最好选择有实力和信誉好的厂家生产的饲料进行投喂。投喂时，应加入60%～70%的水，拌成面团，再用绞肉机加工成软颗粒饲料投喂。若投喂量大，可用颗粒制粒机直接加工颗粒，但加水量应少些，一般加40%的水搅拌均匀即可直接制粒。有条件的，在加工时可以添加1%的植物油，以提高饲料的利用率。培育稚鳖过程中若以配合饲料投喂为主时，应常在饲料中添加蔬菜汁或瓜果等，以弥补全价饲料中维生素的不足，还应适当投喂一些鲜活未变质的动物饵料（如低值的野杂鱼、猪肝等），以增加诱食性和适口性。

3. 饲料投喂

和养殖其他水生动物一样，稚鳖饲料在投喂方法上必须坚持"四定"投饵，即定位、定时、定质、定量。

（1）定位　定位就是有固定的位置，即饵料台，稚鳖的饵料台一般采用小木板，饵料台的面积可大可小，30厘米×40厘米即可。

（2）定时　每天投喂3～4次，1小时内吃完为好。如果吃完，要适当增加投饵量，如果没有吃完，应该清除并清洗饵料台，减少投饵量。

（3）定质　如果饲料的质量不好或变质会引发多种疾病，不仅有肠道疾病，还有营养性疾病。所以，对饲料的要求应该是新鲜、适口、洁净和营养丰富。饵料台要经常清洗消毒，清除残饵。鲜活饵料要选择适当的保存方式保存，否则会使饵料死亡变质。

（4）定量　在投饵过程中，投饵量是最难控制的，不能过多，也不能过少，更不能时多时少。投饵量应该根据季节、天气、水温、水质及亲鳖吃食情况灵活掌握。一般1～2小时吃完为好。投饵量一般按照池中稚鳖总体重的5%～10%投喂，在平时的投喂中，要根据投喂量进行灵活掌握，看稚鳖的吃食情况，如果有剩余的饵料，说明投饵量过大，应该减量；如果短时全部吃完，说明投饵量过少，应该加量。

稚鳖期间，配合饲料每天投喂量按干重计为鳖体重的5%左右。刚开始不宜过多，一般为体重的2%左右，然后逐步增加投饲量，1周内增至体重的5%，在摄食正常的情况下，可按每天递增3%～4%的幅度投喂。鲜活饲料日投喂量为鳖体重的10%左右。在实际饲养过程中，还应根据吃食情况及水温、水质等多种因素，看水、看天、看鳖等情况综合考虑，适当调节。

六、水质管理

在室内小水体养殖稚鳖时，光照差，水色很难控制，又因放养密度大，稚鳖摄食量大，排泄物多，投喂的饵料也都是高蛋白质的饵料，水质容易恶化。所以水质的调节在稚鳖的养殖过程中很重要，一般3～5天更换1次新水，每次换水时结合清除池底污物。换水时，要注意水源水的水温与培育池的温差，温差不能超过3℃。使用地下水、水库底层水时，因为水温较低，应该先曝气增温后再使用。每隔20～30天用1毫克/升的漂白粉或5～10毫克/升的石灰水消毒1次。工厂化养鳖池的水质要求指标为：透明度25～30厘米，溶解氧含量保持在5～6毫克/升以上，pH值稳定在7.5～8，氨氮含量低于0.02毫克/升，亚硝酸盐浓度低于0.1毫克/升。

工厂化养鳖为微流水，多采用生物净化系统，充气增氧系统及化学药品来调节水中化学因子。但日常的水质管理工作还需：①每天定时抽测鳖池水质，如不符合标准，及时调节。②每天早晨先启动充气机充气20～30分钟，再排水，既有利于充气增氧，又有利于排污，每天换水量20～30厘米，一般10～15天彻底换水1次，同时将饵料台上及池壁上的污物彻底洗刷打扫干净。③为了净化水质，保持环境稳定，鳖池水面可少量放养水葫芦等水生植物。由于这些植物生长较快，因此要适时捞出过多的植物，使之仅保留池水面的1/3。④定期抽取稚鳖样本检查，每次10～20只，每月1次，称重，检查生长、大小差异、健康和营养状况，以便确定以后的饲养管理措施，如投饵量的调整，防病措施和分养等。因为稚鳖抵抗力差、易发病，而池塘水中不但有机物多，而且可能还含有较多的致病菌和寄生虫，如确因水源紧缺需要以就近池塘水作为水源时，进水前要对水体进行消毒杀菌。

七、日常管理

日常饲养管理过程中要尽量保持鳖池环境安静，换水也尽可能不出声。稚鳖甲壳软，味道鲜美，常为蛇、蛙、鼠所嗜食，需要注意加固温室，堵塞漏洞，做好老鼠等敌害的捕杀工作。

全封闭温室的晒背台要求光线充足，每天开灯时间至少14小时；半封闭温室在晴朗的天气里，除白天采光外，早、晚还要开灯各加晒1小时，阴天更要全天开灯晒背，注意红外线灯光照度要够。因稚鳖特别喜欢晒背，培育中必须满足其晒背杀灭病菌和增强体能的要求。

由于稚鳖饵料以高蛋白质的动物性饵料为主，饵料腐烂变质较快，应该及时清理，否则腐败变质的饵料在水中会产生大量的有害物质影响水质，同时，如果稚鳖误食了腐败变质的饵料也会引起肠道疾病的发生。所以要求饵料台每天清洗1次，特别是炎热的夏天，应该每次投喂之前清洗1次，每2天用漂白粉消毒1次。在清洗前，应该把没有吃完的残饵收集并集中处理，不得直接冲入池中。

坚持每天早晚各巡塘1次，观察水质变化、稚鳖的活动情况，防止敌害侵入。通过对水质的观察，确定是否需要加水换水。通过对稚鳖活动的观察，了解稚鳖的健康状况。如果发现有病害产生，要及时采取有效措施。

池内杂物要时常清理，特别是池中水生植物的腐败枝叶，如果不清理干净，也会影响水质。稚鳖虽然行动缓慢，但逃跑能力较强。重点对进排水防逃网的检查，防止防逃网破损造成稚鳖的逃逸。

如果仅仅利用室内水泥池越冬，而不要稚鳖生长，应在秋后稚鳖停食前加强饲养管理，保证喂足营养丰富、脂肪含量较高的食物，使稚鳖体内脂肪得到积蓄。当室外气温降到10℃左右时，就应将稚鳖全部转入室内稚鳖池中越冬。稚鳖池底要增铺20厘米厚的粉沙，注水5～10厘米，使入池的稚鳖自行钻入沙中越冬。稚鳖越冬的放养密度为每平方米100～200只。稚鳖越冬期间水温保持在2～6℃较为适宜。越冬过程中如遇到寒流，室内燃炉可适当升温，以免池内水温大幅下降。但也不可将室内温度提得过高，否则，稚鳖会在冬眠中苏醒过来，导致体内营养消耗太多而死亡。在越冬期间每半个月至1个月更换池水一次，以保持水质清新。

八、病害防治

稚鳖生长至50克以前，发病率和死亡率是整个养殖周期中最高的。病原体主要为寄生虫、霉菌和细菌。一般需要采用以防为主、防治结合措施来控制鳖病的发生。平时应以生态防病为主，经常泼洒一些微生物制剂（如光合细菌等）调节水质，无病时尽量不内服抗生素等；外用消毒最好用刺激性较小的药物（如二氧化氯、溴氯海因等）。

稚鳖喜欢相互撕咬，造成表皮损伤，易诱发霉菌病和细菌病。霉菌引起的疾病可用亚甲基蓝浸泡。寄生虫引起的疾病多为钟形虫病。治疗钟形虫病可全池泼洒福尔马林，24小时后全池换水。细菌引起的疾病多为败血病、腐皮病、疖疮病等。细菌病可使用抗生素类药物拌饵投喂，预防措施为每周泼洒一次生石灰或其他杀菌类药物。稚鳖阶段白点病、白斑病发生较多，白点病用泼洒抗生素（如土霉素等）治疗，效果明显；白斑病可用泼洒亚甲基蓝的方法治疗，最重要的是应培肥水质，因水质太清瘦易导致这两种病害的发生。

第三节

幼鳖的培育

自然状态下，稚鳖经过越冬至翌年3月和4月苏醒后进入幼鳖生长期，通常将规格为50～250克的小鳖称为幼鳖，幼鳖养殖是养鳖生产中十分重要的阶段，是承接稚鳖培育和成鳖养成的重要环节。幼鳖阶段优质个体规格增大，适应能力加强，摄食能力提高，呼吸和运动功能进一步完善，此时的幼鳖已经能很好地捕食和躲避敌害，也能适应较深的水。搞好幼鳖的饲养，培育数量多、体质壮的鳖种，是发展商品鳖生产的重要一环。

一、放养前的准备

1. 清塘消毒

按照幼鳖饲养的要求和商品鳖生产发展需要的幼鳖数量、规格，有计划地建好、规划好幼鳖培育水泥池，面积约100米^2。池塘人工养殖幼鳖，其面积最好控制在666平方米以内，同时，配备好幼鳖休息台和饵料台，两者占池塘总面积的1/10。其中饵料台可用木板或石棉瓦架安放在水下10厘米处，缓坡。在池塘四周设置防逃板。幼鳖养殖水深保持在1米左右，保留一定的底泥，放养前用生石灰清池消毒，并做好饵料、药品及养殖工具等各项准备及消毒工作（彩图9-5）。

2. 培肥水体

春季气候多变，肥水效果不佳。一般当水质稳定，水温升至10℃时，进行肥水，水色要呈褐绿色或红褐色，水体透明度保持在30厘米，如果水质清淡，需要进行追肥。肥水一般使用畜禽粪和菜籽饼等，畜禽粪必须充分发酵消毒后才能施用。同时，为了形成优势菌群结构，可施用有益微生物菌，如光合细菌、芽孢杆菌等，增强效果。

3. 水温调节

幼鳖抗寒抗逆性差，对水温变化较为敏感，需要做好水温调控工作。当温差控制在2℃以内时可以进行室外放养，如果温差超出此范围，则不能进行室外放养，必须等温度持续平稳一段时间达到适宜温差后，再进行室外放养。当温差超过5℃，容易引起幼鳖死亡率增加。

二、放养要求

稚鳖经过越冬，一般在3月底或4月初即可出池进行放养。由于幼鳖培育是紧接稚鳖的培育进行的，而稚鳖经过一个冬天的饲养，由于活力及摄食强度的不同，刚培育出的幼鳖大小规格差异很多，有的已达50克，有的才10克左右，放养前要进行严格挑选，同一规格的幼鳖放在一个池内饲养，并要进行药物浸洗，以防把病菌带入饲养池。个体较小的稚鳖就仍然放在稚鳖池中进行培育，待培育规格达到后，再出池分级分池饲养。放养的幼鳖要求体质健壮、无病无伤，同一池内放养的幼鳖规格要一致，以防大小鳖混养引起相互残杀。

三、放养密度

放养密度随幼鳖大小、饲养池条件、饵料种类、数量及管理水平而定。放养密度根据幼鳖的规格不同而异，平均体重小，放养密度大，并随着体重的增加，逐步降低养殖密度，水泥池养殖一般放养20～50克/只左右的幼鳖，30～40只/米²；80克/只左右的幼鳖，20～30只/米²；100克/只左右的幼鳖，

15 ～ 20 只/米², 土池的放养量需要适当减少, 放养量可控制在水泥池的一半或1/3左右, 经过一年的精心饲养, 年底规格可达120 ～ 200克。幼鳖放养前也要进行消毒处理, 为提高幼鳖成活率, 放养前要先让幼鳖适应池塘环境, 在池边用池水泼洒幼鳖体表, 将幼鳖多点放在池水边, 让其自行爬入池内, 不宜将幼鳖直接倒入池中, 以防损伤鳖体。

四、饲料的投喂

幼鳖由于适应能力增强, 饲料的要求和投饲技术没有稚鳖要求那么高, 饲料的来源也可以更为广泛, 但对饲料的质量仍需严格把关。幼鳖在6 ～ 9月为最适生长期, 是生长旺季, 要按照定质、定量、定点、定时的原则, 饲料要求优质新鲜、适口性好、营养成分全、蛋白质含量高, 定量投喂, 合理调整, 既能使鳖吃饱吃好, 又不至于浪费饵料。

幼鳖摄食以配合饲料为主, 鲜活饵料为辅, 人工配合饵料可以从市场上购买幼鳖专用商品饵料或使用鳗鱼饲料, 颗粒粒径大小、长度要与不同时期的幼鳖口径相适应, 适口性好。同时适时适量地投喂鲜活饵料也能起到改善幼鳖摄食的效果, 鲜活饵料主要有蝇蛆、螺蚌肉、杂鱼虾、各种动物内脏等, 鲜活饵料经加热或4%的食盐水消毒, 加入新鲜蔬菜绞碎后拌入饲料中, 适当添加3% ～ 5%的植物油。体重在60克以前, 每隔4天需投喂1天鲜活饵料, 60克以后每隔7天投喂1天鲜活饵料, 其余时间全部投喂人工配合饲料。

4月份、5月份日投饵量可按鳖体重的3% ～ 5%估算; 6 ～ 9月份气温升高, 幼鳖摄食量增强, 日投饵量按体重的5% ～ 10%估算; 10月份以后, 随着气温不断下降, 日投饵量降至鳖体重的3% ～ 5%。鳖每天的投喂量与水温、体重有直接的关系, 每次以1 ～ 2小时内吃完为宜。管理人员要灵活掌握, 根据饵料台上的残饵量适当调整饵料投喂。养殖前期和后期气温较低, 幼鳖摄食量少, 水温18 ～ 20℃时, 一般2天投喂1次; 水温达

20℃以上时，每天上午10时左右投喂1次；养殖中期气温较高，幼鳖摄食量大，一般每天上午8:00～9:00、下午4:00～5:00分别投喂1次。

五、水质管理

幼鳖对水温的变化十分敏感，其适宜生长温度为25～32℃，在适温条件下，饵料利用率高，生长速度快，因此在池塘养殖过程中，要随着季节、气温的变化及时调整幼鳖池的水位，尽量使水温保持或接近其最适生长温度。春秋季节水深在0.5米，夏季水深在0.8～1米，冬季水深在1～1.2米，当气温达到35℃左右时，及时加深水位防暑降温。

鳖池水质的好坏直接影响鳖的生长发育和对疾病的抵抗能力，夏季气温较高时，鳖摄食量大，排泄物增多，水质容易变坏，幼鳖池每隔3～5天及时换注新水1次，换水时不宜大排大灌，一般换水量1/3，水色呈褐绿色为好。保持水质清新，水体溶解氧含量4毫克/升以上，pH值7.2～8.2，透明度30～40厘米。注意水体温差，以免引起幼鳖应激。池内种植一些水葫芦、水花生及浮萍等水生植物，面积不超过水面的1/4，一方面能增加水体溶解氧，吸收水中氮、磷等物质，净化有毒有害物质；另一方面给幼鳖提供了栖息、晒背和遮阴的场所。定期向池内泼洒光合细菌、硝化细菌或EM菌等微生物制剂和底质改良剂，降解有毒有害物质，改良池塘底质，维持良好的水体环境，促进幼鳖健康生长。

六、日常管理

每天早晨将食台打扫干净，清除残饵，并将食台、工具消毒，保持鳖池清洁卫生，环境良好。养殖期间，由于幼鳖体质、摄食等方面的原因，个体生长差异明显，规格不齐，易互相撕咬受伤，影响幼鳖正常生长，因此每隔2～3个月，按规格大小进行分池饲养，分池前幼鳖停食1天。要在鳖池边上搭遮阳棚，供鳖休息。要坚持定期巡池，认真检查防逃设施，排灌水口是否完好，堤壁是否固定，尤其是汛期及雷雨天气更要加强检查，发现问题及时采取措施，以防鳖逃跑。要做好敌害防控，要采取有效措施灭鼠、捕蛇、驱鸟，清除鳖的敌害，千方百计提高鳖的成活率，提高产量。

幼鳖在11月份气温降到12℃以下时进入越冬阶段，幼鳖的适应能力比稚鳖强，已经可以在池塘中自然越冬，越冬池宜选择在环境安静、背风向阳的地方，越冬前要加强对幼鳖的营养积累，多投喂动物性饵料，保证越冬期能量消耗。越冬期间池塘水深保持在1.5米左右，每月换水1次，确保池塘水质良好，溶解氧充足，发现问题及时处理，确保幼鳖安全越冬。

七、病害防治

日常养殖管理中，做好生产工具的消毒工作，捕捉、运输幼鳖或分池时，操作要小心，避免人为因素弄伤鳖体而引发疾病。做好食台和食场的清洁、消毒工作，及时清除残饵，以免其腐败变质污染水体和新投饲料。每天巡塘，观察幼鳖活动、摄食及鳖体表、体色等情况是否正常，有无病鳖、死鳖；观察池塘水色，测量池水pH值、溶解氧等，掌握池塘水质情况，适时换注新水；定期对水体杀菌消毒、投喂药饵，在饲料中添加免疫多糖、维生素等以增强幼鳖的免疫力。发现病鳖，要及时确诊，隔离治疗；对发病池塘换水消毒，用药物进行针对性治疗。

第十章

成鳖养殖

- 第一节　池塘主养
- 第二节　鳖鱼混养
- 第三节　鳖虾混养
- 第四节　控温养殖
- 第五节　稻田养殖
- 第六节　藕田养殖
- 第七节　菱田养殖
- 第八节　网箱养殖
- 第九节　庭院养殖
- 第十节　围栏养殖
- 第十一节　大水面增养殖

成鳖养殖是指将体重150～250克及以上的鳖种养到400克以上的商品鳖，成鳖养殖是中华鳖养殖生产中的一个重要过程，又是最终环节，这个过程一般都在露天池塘内进行。从中华鳖养殖形式上来分，目前我国中华鳖的主要养殖方式有池塘主养、鳖鱼混养、鳖虾混养、控温养殖、稻田养殖、藕田养殖、茭田养殖、网箱养殖、庭院养殖、围栏养殖及大水面增养殖等多种，而每一种养殖方式都有其特定的要求和特点。

第一节

池塘主养

一、养殖条件

1. 塘口选择

为了确保中华鳖有一个舒适的生长环境，根据中华鳖的生活习性，按照中华鳖"三喜三怕"的特点，选择环境安静、背风向阳、池底平坦、水源充足、水质清澈、排灌方便的池塘作为成鳖的养殖基地，每个池塘有独立的进排水系统。

2. 池塘条件

池塘面积要大小适中，一般面积4～50亩、水深在1.5米左右的池塘都可以用来进行成鳖养殖（彩图10-1），但池塘养鳖的面积是以5～10亩为宜，便于管理；同时，所选池塘既要有一定的坡比，又要有适量的淤泥，利于中华鳖休息、摄食和越冬。一般要求坡比1：2以上，淤泥厚25厘米左右。

3. 防逃设施

在中华鳖放养前首先要建好防逃设施（彩图10-2），一般建在距离池塘边50厘米以上的池埂上，材料应选用表面光滑、坚固耐用的材料（如铝板、PVC板、石棉瓦和水泥板等），有条件的也可砌成砖墙，将整个池的四周围住。防逃设施上端应高出地面40厘米，下端埋入土中不少于15厘米，四角最好呈圆弧形，这样防逃效果较好，同时进排水管道安装金属或者聚乙烯的防逃网，此外还可以用铁丝网或者聚乙烯网建成围墙用以防盗。

4. 食台和晒台

根据中华鳖的生物学特性和生活习性，同时为了减少饲料的浪费和防止污染养殖水体，在养鳖池塘要设置一定数量和面积的食台（彩图10-3）和晒台，也可以兼用。具体数量和面积依据池塘放养中华鳖的密度而定。一般设置在池塘向阳面，晒台用木板或毛竹做成矩形晒台，或者用水泥板或砖块设置在池埂边，每个晒台面积为5平方米左右，固定于池塘中央，每个池塘设置晒台4个左右，搭建时2/3在水面上，1/3在水面下。食台用木板或石棉网做成1.2米×0.8米的长方形，长边一边带有边沿，边沿向下放置在池坡上且与水面相平。也可用钙塑板作为食台，横向设置在池坡上且与水面相平，2/3在水面下，1/3在水面上，与水面呈20°夹角。主要根据养殖密度设置，每百只设置食台一个。

二、养殖前的准备

1. 清塘消毒

放干池水，暴晒5～7天，清除过多的淤泥，底泥厚度保持在25厘米，检查进排水设施及防逃设施，放幼鳖前15天，每亩用生石灰50～75千克，全池泼洒消毒，杀灭有害病菌和生物。

2. 培肥水质

清塘消毒7天后，待毒性消退，注水至50厘米深，每亩使用发酵后的有机肥150千克，增加水体浮游生物含量。

3. 种草投螺

鳖池可栽种苦草、眼子菜等沉水植物，也可种植菱角、茭白、空心菜等经济植物，种植菱角可占水面80%以上，其他水生植物一般占池塘面积的1/3 ～ 2/3。一般在施肥7天以后可以开始种植，水花生等可以沿池塘四周栽种。水生植物能为鳖提供栖息隐蔽场所的同时也能很好地净化水质。在清明节前每亩投放螺蛳100千克，或适当投放一点抱卵青虾，为幼鳖提供部分新鲜的活饵料，投放外源性活饵料前要注意消毒。

三、幼鳖放养

1. 放养时间

放养时间一般为每年5月中下旬和6月初，水温稳定在20℃以上，并且清塘消毒7天以后再放养。选择天气晴好的时候放养。

2. 质量要求

选择体质健壮、无病无伤、行动敏捷、规格整齐的个体，下塘前一定要做好分级分池工作，同时做好鳖体消毒工作。如果放养的是温室养殖的幼鳖，在放养前一天要注意做好逐步降温的处理，适当加注外塘水来调节温度，当室内外温差在3℃范围内方可放养。

3. 放养密度

鳖的放养密度和养殖产量之间呈正相关关系，但放养密度过大，鳖的产量和个体规格均会受到抑制，一般放养幼鳖体重在100～150克的每亩放养2000～3000只；放养幼鳖体重在150～200克的，每亩放养量1500～2000只。

4. 放养消毒

为防止鳖病发生，鳖种须药浴下塘。通常可采用20毫克/升的高锰酸钾药浴15分钟，或用10毫克/升的漂白粉药浴10～15分钟，也可以用2%～5%的食盐水药浴10～15分钟。

四、养殖管理

1. 饲料投喂

饲料投喂应坚持定位、定时、定质、定量原则，以人工配合饲料为主。为了减少饲料成本，如果周围有大型的屠宰场或者湖区，则可以派人采购部分鲜活饵料作为补充，投饲量以鳖1.5小时吃完为宜。

2. 水质管理

鳖池水质要求保持肥、活、嫩、爽，无异味，水质过肥，或有腥臭味，应及时换水。在鳖的生长季节，每隔20天每亩用生石灰10千克左右泼洒一次，以改善水质，调节pH值。透明度保持在25厘米，溶解氧含量在3毫克/升，根据水质及天气季节变化适时加注新水，幼鳖放养前水深保持在50厘米，以后每隔7天加水20厘米左右，不断提高水体水深，直至水深维持在1.5米左右。若发现水质持续恶化，应及时换注新水。

3. 日常管理

坚持定时巡塘，定期检查防逃设施，及时检查鳖吃食情况，做好饵料台的清洗及饵料投喂量的及时调整。经常观察水质和鳖活动情况，如发现异常要及时处理。定期清除养殖池塘中杂物和敌害生物。综合来说，要做好"四查"，即查吃食情况、查防逃设施、查水质、查病害；做好"四勤"，即勤巡塘、勤清洁、勤换水、勤记录；做好"四防"，即防病、防逃、防盗、防敌害生物侵袭。做好日常管理不仅反映了养殖技术水平的高低，而且也是增产的根本保证。

4. 病害防治

坚持以防为主、防治结合的方针，鳖的抗病能力还是比较强的，一般来说，保持一个良好的养殖环境，其病害发生情况并不严重，一旦发病要做好隔离工作。生长旺季，可以在饲料中添加一些无药物残留的中草药或其制剂，预防鳖病，禁止使用违禁药物。

第二节

鳖鱼混养

一、鳖鱼混养的优点

为了提高池塘养鱼的经济效益和克服温室养鳖品质差的缺点，把鳖种放在池塘中进行鱼鳖同池混养（彩图10-4），有如下好处：可充分利用水体，提高鱼鳖产量，鱼鳖混养的经济效益比传统养鱼高好几倍；改善水中的溶解氧条件，可使上层浮游植物光合作用产生的大量过饱和氧气扩展到底层，弥补了深层水中氧气的不足，有利于鱼类代谢和浮游生物的繁殖；能加速淤泥中有机物的氧化分解，防止水质突变，有利于净化和稳定水质，促进鱼类生长；鱼鳖混养后，鱼类不仅可直接摄食鳖的残饵，而且有机物的分解为浮游生物的生长繁殖提供了良好的条件，浮游生物大量繁殖又为滤食性鱼类提供了大量的饵料。

使一种饵料在池塘中多次反复地利用，大大提高了饵料的利用率；鳖能吃掉行动迟缓的病鱼或死鱼，从而防止了病原体的扩散和传播，减少了鱼发病的机会；由于是利用现有池塘进行混养，就可省去建造鳖池的大量资金和每年的设备折旧费，特别是混养塘鳖种的放养密度是根据池塘中天然饵料的多少来制订的，所以大多可采用不投料或少投料的放养模式，这样养殖成本可比常规养鳖降低一半多；在池塘中混养的鳖由于其活力强又是吃天然饵料，鳖的品质如同野生。

二、哪些鱼类可以鳖鱼混养

实践证明，凡是滤食性、杂食性和草食性的鱼类都可以与鳖混养。如鲢、鳙等可充分利用水中的浮游生物；鲤鱼、鲫鱼、罗非鱼等可摄食残余饲料、鳖的粪便和有机碎屑；草鱼、鳊鱼可除去池中杂草（水陆生植物）；黄颡鱼、加州鲈等也可以和鳖一起混养，不过要做好饲料的分区分批投喂。但是鳖池中不能混养青鱼，因青鱼以螺、蚌为主要食料，这与鳖的食性有矛盾。

三、鳖鱼混养池塘准备

鱼鳖混养方法简单，操作管理方便，只要在传统养鱼基础上适当增加些设施，即可在原有的养鱼池塘中进行鱼鳖同池养殖，池塘周围建造高30厘米的防逃墙，四角呈圆弧形，内壁用水泥抹光滑，以防鳖逃逸。池中用竹筏设晒台，供鳖晒背用，还需增添食台等必要设备。

四、控制合理的放养密度

以鱼为主的养殖模式中，鱼的放养量几乎不受影响，但鳖的放养量较小，如以利用池塘中的养鱼饲料为主，适当增投一部分螺蚬、蚌肉等动物性饵料，每亩放养200～250克的鳖种50～100只，亩产成鳖20～40千克；如适当喂鳖饲料，包括成鳖配合饲料、螺蚬、蚌肉及动物内脏等，则每亩放养量可以增大到200～250克的鳖种250～350只，亩产可达100～150千克；如果以鳖为主的养殖模式中，鳖的放养量较大，200克的幼鳖放养量在1500只每亩，但鱼的量一定要控制住，不能过大，这样可以达到亩产鳖750千克、鱼250千克的水平。

五、日常管理注意要点

除了加强养鱼的饲养管理外，还应针对鳖的生物学特点，采取相应的措施，促进鳖的摄食和生长，并保持周围环境的安静，尤其要减少拉网的次数。在喂食时，特别是在鳖摄食时不可以投喂鱼饲料，防止鱼类摄食的声响干扰鳖正常摄食。滤食性鱼类放养量大时，要注意防止水质变化，发现水质过瘦要及时肥水。

第三节

鳖虾混养

一、鳖虾混养的优点

鳖虾混养（彩图10-5）是利用养虾池塘在养虾的同时混养中华鳖的一种节本高效养殖新技术，该技术充分利用了池塘养殖水体空间，以及虾与鳖两种不同食性的物种间的生存互补关系，实现了共存互利。该技术最初起源于在南美白对虾发病严重的池中放养鳖种，以尝试挽回养殖损失。结果发现，南美白对虾养殖后期的发病率大大降低，南美白对虾养殖抗风险能力得到提高。该技术不仅提高了池塘利用率和综合经济效益，也提高了商品虾和鳖的品质，得到广大渔民的认可。

中华鳖和虾混养后活动力大大增加，增加了水体交换，改善了水环境条件，改变了浮游植物种群组成，创造了虾生长的适宜环境条件。鳖和虾可以利用水体不同空间，形成生态位和食物链的互补，增加养殖效益，同时由于提高了饵料的综合利用率，可以大大降低养殖成本，促进鳖虾生长。此外，混养的鳖可捕食病虾，阻断疾病的传播途径，使健康虾减少了感染疾病的机会，大幅度减少养殖病害的发生，提高养成规格和品质。一般情况下，合理配置下的虾鳖混养模式，中华鳖回捕率超过90%，对虾每亩产量200～400千克，亩均效益可观。

二、池塘要求

池塘要求面积以10～15亩为宜，水深1.5～2.5米，坡比1：（2.5～3）。配备独立的进水、排水设施。池塘应配备增氧设备或增配盘式底增氧设施。清塘消毒完毕后进行暴晒。放苗前20天用生石灰全池泼洒消毒，用量200千克/亩，以清除池塘内的敌害生物、致病生物等。施肥培肥水质，使水体透明度在30厘米，水色呈茶褐色或黄绿色。

三、放养模式

1. 鳖南美白对虾混养模式

模式一：鳖主虾辅型。中华鳖的放养密度一般在每亩400～800只，虾苗3万～5万尾/亩，每亩可收获南美白对虾100千克左右，中华鳖成活率80%以上。

模式二：虾鳖并重型。中华鳖的放养密度一般在100～300只/亩，虾苗4万～7万尾/亩，每亩可收捕南美白对虾200～400千克，中华鳖成活率85%以上。

模式三：虾主鳖辅型。中华鳖的放养密度一般在50～100只/亩，放养虾苗6万～7万尾/亩，并可搭养30～50尾鲢、鳙鱼或10～20尾鲫鱼、鲶鱼或50～100尾黄颡鱼等，南美白对虾单产可达500千克/亩，但相对不稳定，中华鳖成活率超过90%。

2. 鳖青虾混养模式

若青虾放养在4月份，每亩放养抱卵青虾8千克左右；若放养虾苗在6月下旬，每亩放养5万尾左右；若冬季（1～2月份）放养，冬片虾种每亩2万尾左右。青虾苗种一般来源于池塘自繁自育，混养模式一般对虾种质量没有特殊要求。幼鳖放养一般在5月中下旬至6月上旬，亩放养量500只。

幼鳖放养时需用高锰酸钾消毒。放养时池塘的水温要求在25℃以上并选晴好天气。放养的鳖种要求规格整齐，无病无伤。宜放养中华鳖日本品系品种，规格一般要求在200～250克及以上。还可搭养少量吃食性鱼类和滤食性鱼类，规格一般要求在50克以上。

四、养殖管理注意事项

虾苗和幼鳖混养过程中也要注意培肥水质，为虾苗提供摄食饵料，同时又能为鳖创造较好的隐蔽环境，减少相互撕咬，提高放养成活率。每天投饲2～3次，虾料投喂沿池塘四周2～3米范围内均匀播撒，上午投喂全天饲料量的1/3，傍晚投喂2/3，鳖料投放在池塘中间食台上。每天的投饲量要根据天气、温度及水质等情况灵活掌握。

第四节

控温养殖

控温养殖也称之为温室养殖（彩图10-6），控温养殖根据其构造一般分为4种，即全封闭温室养殖、塑料棚温室养殖、玻璃

（或玻璃钢）温室养殖和简易式温室养殖。控温养殖将室内外隔绝，使得室内的气温和水温高于室外，从而使得鳖的生长期拉长。

控温养殖这种形式在20世纪70年代为日本许多养鳖场所使用，我国在20世纪90年代后期迅速发展，一段时期其养殖产量约占我国商品鳖总产量的65%。进入21世纪，由于市场的原因，养殖规模日趋萎缩，目前在浙江、湖北、江西、江苏等地仍有为数不多的养殖户在采用。如果全部采用工厂化控温养殖，通常5～6个月就可将鳖养至商品规格。

一、养殖设施建设

一个设备完整的养鳖温室，应包括养殖池、供电系统和排灌水系统、加温、控温设备以及附属设施，如办公管理房、饲料加工室、仓库等。养殖户要根据地形条件、资金状况、管理水平及养殖规模等因素，综合规划，合理布局，搞好养殖设施建设。温室养殖的每幢温室一般在500平方米左右，如是钢架混凝土永久性结构的可建成1000平方米以上的面积。如养殖单位能够利用热电厂、炼焦厂及自然温泉等排出余热水的资源，就近建设温室养中华鳖，既充分合理利用资源，又节约了能源，同时还能节约生产成本。

一幢500平方米的温室高要求全封闭型的造价15万元左右，简易型的造价5万元左右，单个池面积12平方米左右。池底设计成锅底形，方便排污。温室高度2.2米左右，顶部"人"字形或弧形，屋顶及四面墙体内夹5～6厘米厚的泡沫板。室内中间设置走道，在走道的两侧设置养殖池及排污口、排污管和排污沟。并在养殖池上面设置热水管和增氧管，相应采用锅炉加温和罗茨鼓风机增氧。

二、温室的要求

1. 保温性能好

保温是温室保证养殖产量的主要条件之一。无论利用电热、地热、工厂余热和锅炉加热都是为了把水温调节到最有利于鳖生长的适温内。不注重保温性能，会出现昼夜温差或室间的温差过大而影响鳖生长甚至引发疾病，而且会极大地增加能源消耗，所以设计时应首先考虑保温问题。

2. 采光性能好

采光既是为了利用光能增加室内温度，也可通过光源调节水质，以减少疾病，提高成活率。设计合理的采光温室，投资要比完全封闭的温室少，且管理方便，易操作。

3. 注排水方便

温室用水平时尽量保持稳定，换水时要求速度快、时间短，故注水量和排水量都很大，所以应有畅通的注排水系统保证，还应考虑到动力电源的保证。为能满足随时注水，最好设有保证满负荷用水量的调温储水池。

4. 结构合理

控温养殖鳖，建池大多用钢筋水泥结构，所以设计建造时结构一定要合理，鳖池的结构很难兼作它用，可以说是一种一次性利用的终端开发项目，所以设计层次时既要考虑到光照角度和温度调控及操作合理，又要考虑长远性和可变性。一些地方为了提高土地利用率，建造三四层鳖池，把温室造得又高又大，不但不方便操作管理，也很难调控上下层间的水温，更难以改变其用途，所以一般结构以不超过2层为好。

根据上述要求，鳖池以单层双列较理想，这种鳖池的优点是透光性好、造价低、养殖病害少、成活率高。

三、气温和水温的控制

1. 调温池水温的控制

养鳖池的水温要求稳定在30℃±（1～2）℃范围内，工厂化养殖中，引入养殖池之前的水温均远高于养殖池所需的水温。因此，不能把过热的水直接注入养殖池内，必须实行中间池与养殖池两级调节，将中间池的水温控制在某一温度值，当养殖池水温低于30℃±（1～2）℃的温度值时，即将中间调节池的水注入养殖池中，调温池的水经过一段距离输送后有时入口附近局部水温偏高，但不会影响鳖的生活和生长。

中间调节池具有两种作用：一是增加水中溶解氧，无论使用何种热源，热水溶解氧不足是普遍现象。通过充气增氧可以增加水中部分溶解氧，但空气中含氧量仅占空气总量的1/5左右，一次增氧难以完全满足需要。通过中间调节，进一步增加了空气与水的接触，延长了水与空气的混合时间，从而加大了水的溶解氧含量；二是热水调节和蓄水作用，由于锅炉或其他热源输出的热水温度过高，需加冷水混合后使用。采用中间池预混合，可起缓冲作用，避免将过热的水直接注入养殖池，伤害进水口附近的鳖类。采用中间调节水池，通过水池蓄水，可以确保停电或机组出现故障时短期内继续向养殖池供水，特别是严冬季节其蓄水作用尤为重要。

中间调节池的水温控制通常根据外界气温及热负荷等情况确定。当外界气温在0℃以下时，中间池水温控制在40℃为宜，外界温度在0℃以上时，中间池水温35℃为好。

2. 养殖池水温控制

养殖水体温度均匀与否对鳖的生长有一定的影响，是制约鳖生长的因素之一。根据观察，若水温变动幅度大于5℃时，鳖自身将难以调节，生理出现紊乱，导致鳖的死亡。尤其是稚鳖本身适应调节能力较差，体质较弱，危害更大。

养殖水体的水温均匀性包括：一是横向均匀性，根据池壁的散热情况，一般水温由池中心向边缘依次降低；二是纵向均匀性，根据水体热循环特性，一般由表及底温度依次降低。因此，在控制水体水温均匀性时，必须考虑到水温的变化规律和分布。

3. 温室气温和湿度的控制

加温养鳖温室室内的气温及相对湿度并不是制约鳖生长的重要因素。因为鳖绝大多数时间生活在水中，因此空气温度和相对湿度对它的影响不像水温对其生长的影响那么大。但是，空气温度的高低对水温和相对湿度有间接的影响。如果气温低，一是水与气温温差大，水向空气中散热、散湿量增加，水温难以维持；二是含湿量大，阳光透过率下降对鳖晒背有影响，而在正常情况下，鳖每天需晒背2～3小时才能维持正常的生理活动。若湿度大，塑料大棚的采光增温效果亦会下降。温室空气加温采用散热器，而减少湿度的主要措施是增设通风散热装置——排风机。排风机由人工控制，强制排气。尤其在早晨和晴天的中午，早晨棚内空气中有害气体的含量高，强制排风大有益处；晴天阳光较强烈，适当排风减少空气湿度，有利于阳光透射。

四、控温养殖注意事项

1. 环境消毒

控温养殖由于养殖环境一直处于高温状态，特别容易滋生病菌，一定要做好养殖环境的消毒工作。棚内空间与环境用福尔马林30克/米³熏蒸消毒24小时后，注水50厘米深，再铺设水泥结构或木板料台，露出水面3～5厘米。在放养前10天用强氯精或二氧化氯全池泼洒，以杀灭病菌，因为经过上年养殖的温室鳖池已富集了各种致病菌及残饵、粪便等有机残留物，清理消毒鳖池极为重要。

2. 苗种放养

应选择健康、无伤无病、活力强、反应快、同一规格的稚鳖放入同一池内，避免大小不一互相残杀。有条件的养殖户，最好就近在省部级中华鳖原良种繁育场选购种质优良的品种，不进未经检疫的鳖苗，更不要进未经海关检疫的境外鳖苗，以防带来新的病害。放养前必须对所放养的稚鳖进行体表消毒，严防把病虫害带入养成池。温室养鳖由于池水温度可以常年控制在中华鳖的生长适温范围内，因而可以高密度养殖，但是也不要盲目追求高密度，一般个体规格在 50 ~ 150 克的幼鳖适宜密度为 15 ~ 30 只/米^2；个体规格在 150 克以上的幼鳖适宜密度为 10 ~ 12 只/米^2，个体规格在 200 ~ 250 克的幼鳖适宜密度为 40 只/米^2。

3. 科学投饲

鳖养殖生产中饲料成本占到总成本的 40% 左右，建议养殖户选择大型正规厂家生产的品牌全价配合饲料，他们先进的技术与设备决定了饲料的品质。一方面可提高饲料的利用率，降低养殖成本；另一方面可使商品鳖的品质得到保障。成鳖养殖阶段，主要投喂全价人工配合颗粒饲料，辅以适量的鲜活饵料。人工配合颗粒饲料的粒径相对要大些，一般随着鳖体的增大，颗粒料的粒径从 0.2 厘米到 0.6 厘米，成鳖投喂粒径 0.6 厘米、长 1 厘米的颗粒料。鲜活饵料在成鳖阶段主要是动物内脏、屠宰下脚料、杂鱼虾、螺蚌肉等。这些鲜活饵料可以用铁丝穿着吊放在鳖池内，供其摄食。吊放前要用漂白粉或高锰酸钾浸洗消毒。

投喂每天 2 ~ 3 次，选择上午 8 ~ 9 时投喂 1 次，投饵量占全天投饵总量的 60%；下午 4 ~ 5 时投喂 1 次，投喂量占全天投饵总量的20%；晚上8～9时再投喂1次，投喂量占全天投饵量的20%，每次投喂要以1～2小时内吃完为宜，若投喂时发现剩饵过多，可以适当减少当次投喂量或减少1次投喂。

4. 水质调控

鳖生性喜净怕脏，良好的水体环境是鳖健康生长的重要条件。水质调控得好坏，直接影响鳖养殖的成败。为保持水质良好，环境卫生，换水是必须的。但在换水中还要考虑节能及效果，保持水质稳定，又要使水体中污染少，就要采用微调的方法。依水质变化，一般3天左右排污一次，因为是锅底形的池底，排污很方便，只要将排污塞拔出，很快就能将污物基本排光，然后再添注新水，这样微调，可以保持水质稳定，对鳖的生态环境几乎没有干扰，不影响鳖的生长。控温养殖比室外池塘养殖更应注重水质的调控，稍具规模的养殖户应该配备一套简易水质测试盒，定期或不定期进行水质测定，若发现池水化学指标超出养殖用水标准时应及时采取措施。可用光合细菌、芽孢杆菌或EM复合微生物等有益微生物制剂来降低水中的氨氮、亚硝酸盐的含量，分解有机质和其他有害物质；用生石灰或其他水质改良制剂来调节。

5. 日常管理

成鳖养殖中，管理人员要经常监测水温和水质的变化，适时加以调节，除一些常规性的巡塘消毒、投饵观察、清理洗刷、病害防控等工作外，其他较为特殊的日常工作主要有：中午开启通风系统，换气1小时左右，换气期间随时观察水温、室温变化，变化过快过大时，马上关闭通风系统，采取补救措施。晚上打开日光灯和红外辐射灯，增加2小时晒背时间，晒背时注意观察鳖的活动状况，对刺激的反应状况，以便判断鳖的生长情况。每隔10～15天，要抽检1次鳖的个体，称重，记录，对已出现大小悬殊的鳖池，要适时进行分级分养。

控温养鳖从养殖模式上和提高生长速度上来说是非常成功的，因为稚鳖经过1年到1年半的养殖可以达到商品规格。但从现实存在的问题来讲，它改变了鳖长期适应的生长环境条件，违背了鳖自然生长的客观规律，进而改变了中华鳖原有的品质和口感，同时还因养殖过程病害高发，用药频繁，使鳖体内药物残留问题凸显，严重危害了消费者的健康。

近年来，随着人们生活水平的提高与质量安全意识的不断增强，要求吃到优质、安全的商品鳖。因此，降低生产成本与提高产品质量是控温养鳖业生存与发展的必然途径。即便如此，当前发展控温养鳖也要密切注意市场动向和当地消费能力，规模要适度，不可盲目发展。如能和室外池塘养殖结合起来，专作冬季加温强化培育稚鳖、幼鳖之用，才能顺应时代的潮流和要求，满足人民日益增长的美好生活的需要。

第五节

稻田养殖

一、稻田养殖概况

中华人民共和国成立后，我国传统的稻田养殖（彩图10-7）得到了迅速的恢复和发展。1954年在第四次全国水产会议上正式提出"发展全国稻田养殖"，稻田养殖由丘陵山区扩大到了平原地区。20世纪50年代末，稻田养殖面积达到1000多万亩，是中国稻田养殖恢复和发展的时期。20世纪60～70年代末，稻田养殖模式不仅没有得到改进和发展，反而因有毒农药、化肥的大量使用，加之其他人为因素，使稻田养殖受到严重挫折，处于下降和停滞阶段。

党的十一届三中全会以后，政府采取了有力的措施，提高了人们对稻田养殖的认识。1983年8月在四川召开了第一次全国稻田养殖经验交流会，会后华东"六省一市"成立了稻田养殖协作组。1984年国家经委把稻田养殖技术列入新技术开发项目，在四川、湖南、江西等18个省市推广。1988年又在江苏省无锡市召开了中国稻-鱼结合学术讨论会。在稻田养殖技术上有很多创新，突破了传统平板式稻田养殖模式，改单品种为多品种、多规格混养，规范稻田养殖工程，农业上推广使用低毒、高效、低残留农药和改良稻种。1989年全国3.7亿亩水田被开发利用的面积达到了1330万亩，产鱼12.5万吨，平均亩产12千克，最高亩产可达100千克。1994年农业部在辽宁盘锦召开稻田养殖经验交流会。1996年在江苏徐州市召开了全国稻田养殖现场会。近年来，中央一号文件明确支持发展稻田综合种养，2017年农业部部署国家级稻渔综合种养示范区创建，稻渔综合种养进入大有可为的战略期。

二、稻田养殖的意义

我国既是世界上最早利用稻田从事鱼类养殖的国家，也是目前世界上稻田养殖面积最大的国家。稻田养殖技术在我国的广泛应用，对于增加淡水养殖产量，提高稻田综合效益，改善国民食物结构等发挥了积极作用，取得了显著的社会效益、经济效益和生态效益。

1. 增加水产品总量

利用稻田养殖显著增加水产品的总量，为减轻粮食压力，平抑物价，改善国民食物结构，特别是使远离商品鱼生产基地、水资源缺乏、交通闭塞的小城镇居民和广大农民吃上鲜活鱼，起到了积极作用，有助于提高我国国民的生活水平。

2. 增加水稻单产

由于稻田养殖的除草、杀虫、增肥、松土等作用和沟垄边际在光、热、气等方面的优势，大部分稻田因技术措施得当，可促使稻谷较大幅度地增产。从大面积稻田养殖的统计结果来看，养殖稻田较单一稻作田一般可增产稻谷5%～10%。稻谷单产的提高，可有效提高稻作的产值和效益，有利于稳定粮食生产。

3. 节约土地资源

我国是世界上贫水国家之一，人均水资源占有量仅为世界人均占有量的1/4。同时我国人均耕地占有量也十分有限，人多地少的矛盾不断加剧。稻田养殖综合利用稻田空间，进行立体开发，较好地解决了我国养殖水面短缺的矛盾。

4. 改善环境条件

除水稻害虫外，稻田中还大量生存着孑孓、蝇蛆、钉螺等传播疟疾、丝虫病、脑炎、血吸虫病的媒介或中间宿主。而稻田中主养殖类可有效地吞食这些有害生物。

稻田养鳖是利用稻鳖共生的原理，一方面，稻田为鳖的生长提供了良好场所，充分利用稻田水域空间、饵料资源，使鳖生长发育快、增重率高；另一方面鳖又可为稻田疏松土壤和捕捉害虫，能起到生物防治水稻病害的作用，为生产优质稻米提供了必要的条件；从而还可以大大降低养鳖和水稻生产用药的成本，提高了种植和养殖单位面积的经济效益。

三、稻田选择与田间工程建设

选择地势低洼、水源条件好、水流畅通、排灌方便、便于看护的水稻田作为鱼鳖混养田块。在选好的稻田田埂周围用砖块或水泥板建造高出地面50厘米的围墙，顶部压檐内伸15厘米，围墙和压檐内壁涂抹光滑，并建好进排水口防逃设施。在稻田四周开上口宽3米、下口宽2米、深1.5米的鳖沟（沟水面面积占稻田总面积的15%），作为喂饲料和鳖冬眠的场所。在稻田中间建一南北向、高于稻田正常水位0.8米的沙滩，供亲鳖产孵繁殖和晒背用。

水稻品种选择耐肥力强、茎秆坚硬、抗倒伏、抗病害、产量高的粳稻，宽行窄株栽植，亩栽2万丛左右，圩埂周围和鳖沟两旁应适当密植，弥补鳖沟占用的面积。水稻栽插前亩施有机肥250～500千克作基肥。

四、放养管理

稻田养鳖是利用6～9月鳖的最适生长期及稻田里丰富的天然饵料资源，当年养成商品鳖，放养幼鳖规格要求在200克/只左右，而且要求规格整齐、体质健壮、无病无伤。用这样的幼鳖放入稻田进行养殖，不但成活率高，增重倍数大，而且能确保当年上市。其幼鳖来源主要有3个途径：一是收集购买天然幼鳖；二是利用温室培育的幼鳖；三是就近购买良种繁育场或池塘培育的幼鳖。第一种来源不能够完全保障生产的需要，第二种来源出池温度把握不好影响养殖成活率，因此建议采取第三种来源，保障性大，养殖成活率较高。

4月初平均每亩稻田一次性放养规格为100～200克，体质健壮的幼鳖30～40只，规格为每千克20尾的草鱼、鲫鱼、鲢鱼共6～8千克（其中鲢鱼占50%、鲫鱼占20%、草鱼占30%）。放鱼种前1周，每亩用生石灰50千克兑水后向边沟和田里均匀泼洒。6月中下旬套养草鱼夏花800尾。鳖和鱼种放养前均用3%食盐水浸洗消毒3～5分钟。

五、放种前后注意事项

在幼鳖放养前后，还要做好各项准备工作。要清除稻田沟中过多的淤泥，加高加固田埂；要用药物彻底清沟消毒，所选药物要避免对水稻生长造成危害；要在鳖沟中移栽一部分水草，放养一部分螺蛳、河蚬、糠虾等，为鳖放养后提供大量的天然饵料；要在鳖沟里设置食台，设置的具体要求参照池塘养殖；

放养的鱼种、鳖种都要进行药物浸泡消毒，消灭鱼体、鳖体上的致病菌和寄生物，减少病虫害的感染。

六、饵料投喂

鳖饵来源主要有小鱼、小虾、玉米、小麦等，其动物性、植物性饲料比例为（1.5～2）∶1，前期以动物性饵料开食，中期多喂一些植物性饵料，后期为使鳖多积累营养、安全越冬，则多投喂动物性饵料。饲养期内，日投喂量为鳖体重的3%～5%，每天应早晚各投喂1次。4月下旬以前至10月以后投喂量少一些；7～9月是鳖摄食生长旺季，每天早、中、晚各投喂1次，日投喂量为鳖重的10%。这样能保证鳖日增重达1.5～2克。鱼饵投喂按常规进行，投喂饲料做到定时、定位、定质、定量的原则。

七、日常管理

日常管理主要有水质管理、病害防治、防逃防盗及防药害等。鳖属变温动物，水温对其生长发育影响很大。平时注意巡田，加注新水，适当控制水位，一般田里水深掌握在15～20厘米。高温季节在不影响水稻生长的情况下，适当加深稻田水位。稻田水温变化较大，鳖可利用大边沟保温或避暑。6月份水稻种植前，池塘养殖水利用螺蛳净化，并每7～10天冲换外源新水，每次换水量1/5～1/4；水稻栽插后，池塘养殖水主要排放到稻田里，利用水稻净化水质，净化后的水再循环进入池塘，7～10天换水1次，池水不足时，及时补充外源水。根据实际情况及时开启增氧设备，保持水质清新、溶解氧丰富。除了水质外，稻田养鳖的管理中应注意防逃防盗，不但有专人负责看护，而且还要经常巡查。同时还要注意防药害，稻田养鳖为了防止鳖中毒，养鳖稻田不要施用对鳖有害的农药。

稻田养鳖是一种生态养殖模式，鳖一般不容易生病，但我们仍要重视防病工作，定期或不定期地进行预防。以防为主，根据水质变化情况，不定期地泼洒生石灰，每次用量 5 ～ 10 千克。鳖在放养消毒、养殖期间用中草药防治。

八、水稻栽培与田间管理

水稻的栽培与稻田的田间管理是搞好稻田养鳖的一个重要方面，应坚持粮鳖双丰收的原则，全面推行水稻高产高效栽培技术，促进高效生态农业发展。

1. 水稻栽培

稻田养鳖是由水稻种植和养鳖结合在一起的复合生态系统，水稻品种的选择既要考虑稻田养鳖的情况，又要结合本地区水稻种植的特点，宜选择抗病力强、抗倒伏且病虫害少的品种。水稻秧苗栽插一般在 6 月 10 日前后，栽插密度每亩稻田净面积 1.8 万 ～ 2 万穴。如果鳖的放养量较大，还可适当减少栽插密度。

2. 田间管理

水稻的田间管理主要是抓好施肥、除草治虫和水质管理。施肥以经过充分腐熟后的有机肥为主，最好是一次施足基肥；除草治虫要用高效低毒且对鳖没有危害及残留的药物，同时要深水用药并及时换水；水质管理一般情况下，只要稻田有足够面积的鳖沟，对鳖的影响不会太大，略加注意即可。

第六节

藕田养殖

一、藕田养鳖的优点

朱徐燕等研究认为，鳖的粪便中含有丰富的氮、磷、钾等元素，可以培肥水质，为莲藕提供生态有机肥料；莲藕可以净化水质，给小鱼、小虾等水生动物创造良好的生长条件，而小鱼、小虾恰好是鳖最好的天然饵料。如此一来，便形成了莲藕和鳖互助互利、空间合理配置、水资源充分利用的生态养殖模式。鳖爱吃藕田里的地蛆，使地蛆对莲藕的危害大大减少，莲藕卖相好了，价格上升。与此同时，鳖的饲料和饵料投入也减少了，不仅真正实现了无公害的绿色生产，而且节约了成本，经济效益明显（彩图10-8）。

二、养殖模式

鳖-莲藕套养模式是在原有藕田改造的基础上进行种养结合生产，根据季节安排，在莲藕立叶10天后，即5月20日左右，每亩放养规格为250～500克/只的幼鳖50～75只，体长8厘米以上的中科3号异育银鲫100～150尾，经过1年生长，商品鳖平均每只质量可达750克，中科3号异育银鲫每尾质量可达200～250克。

三、田块准备

选择土层深厚、有机质丰富、水源充足、排灌方便、有隔层的黏质土壤田块，保证田块清洁、无污染，排灌方便，池埂坚实，池底平坦。沙性较重的田块不宜种藕。鳖有用四肢掘穴和攀登的特性，防逃设施的建设是藕池养鳖的重要环节。应在选好的藕池周围用砖块、水泥板、木板等材料建造高出地面50厘米的围墙，顶部压沿内伸15厘米，围墙和压沿内壁应涂抹光滑。并搞好进水口、排水口防逃设施。根据种养需要，应在每块田边筑1个用竹片和木板混合搭建的4～5平方米的平台，供投放饲料和鳖晒背用。

应在藕池内开鳖沟。也可用池边的条沟代替，鳖沟是投喂饲料和鳖冬眠的场所。一般鳖沟上宽3米、底宽1米、深1.5米，长度根据田块面积确定，一般占总面积的20%。在藕池中央建沙滩，以供亲鳖产卵繁殖和晒背用，一般为南北向，长5米，顶宽1米，高出正常水位0.8米。

四、莲藕种植

莲藕一般以子藕或藕头进行繁殖。应选择藕头饱满、顶芽完整、藕身肥大、藕节细小、后把粗壮和色泽鲜亮、抗病虫能力强且具有本品种优良特性的藕作种藕。早熟藕一般在定植前施氯化钾15千克/亩，生石灰80千克/亩；中熟藕和晚熟藕一般施腐熟有机肥500千克/亩，水生蔬菜配方专用肥30千克/亩，生石灰80千克/亩，耕后耙种植前做到泥烂田平。

定植时间和密度因品种、土壤肥力和收获季节而异。早熟藕品种一般在6月10日至7月10日定植，株行距为3.0米×5.0米，用种量300～750千克/公顷。中熟藕和晚熟藕品种一般在4月定植，株行距为（0.8～1.0）米×1.2米，用种量为3000～3750千克/公顷。栽种时边行藕头向内，其他各行藕头基本同向，错位排种。

鳖的排泄物可部分满足莲藕生长的肥料之需，可减少追肥的次数。早熟藕在定植后20天左右长出2～3片立叶时，追施尿素；当年12月至次年1～2月，追施腐熟有机肥；4月5日和4月20日，各追施尿素；5月1日立叶时，追施尿素。中晚熟莲藕一般需追肥2～3次，第1次在5月中下旬长出2～3片立叶时，追施水生蔬菜配方专用肥；第2次在6月下旬至7月上旬莲藕后栋叶出现时，追施水生蔬菜配方专用肥。追施尿素和配方专用肥时，注意泼水浇叶，防止肥料烧叶。

藕田一般不可断水，水层深浅应随着莲藕生长逐渐加深。前期一般灌水5～10厘米，中期立叶后逐渐加深至20厘米，封行后水位保持在20～30厘米。早熟藕生长期次年立叶前水位保持在5～10厘米，立叶后水位逐渐加深至20厘米。藕田灌水禁止串灌。此外，应注意天气变化，用水调温，防止因气温急剧变化而影响莲藕生长。

藕田中大量的浮萍可与莲藕争肥，同时会降低水中溶解氧含量，破坏水质，不利于鳖的生长和商品性的提高。鲫鱼以浮萍为食，放养商品性优、生长速度快、抗病性强的中科3号异育银鲫，可控制浮萍生长。鲫鱼和鳖同一时间投放，早熟藕田鲫鱼与鳖同时收捕，中晚熟藕田鲫鱼可在莲藕采收后、次年定植前收捕，鲫鱼生长过程不需投喂任何饲料。莲藕生长至立叶期要及时调整莲藕的生长方向，将过密的或朝向田埂的莲鞭的藕头转向莲藕生长稀疏处。早熟藕一般在6月上旬至7月上中旬采收，中熟藕在7月中下旬至9月中旬采收，晚熟藕在9月下旬至次年5月底采收。

五、鳖养殖

一般在莲藕长出2～3张立叶时投放幼鳖，放养时最好选择连续晴好的天气。鳖种苗下田前浸泡消毒10分钟，并剔除在运输过程中因相互咬伤、碰撞等造成细菌感染引发皮肤溃烂的幼鳖。水质和水温对鳖生长发育的影响很大。要注意观察水质变化，通过控制水位来调节水温，特别是7～8月高温时期，藕田的水质和水温要更加注意。一般的养殖管理与其他模式基本接近。

六、病虫害防治

鳖-莲藕套养模式中鳖的活动能增加土壤的通透性，又能控制藕田中福寿螺的为害，其粪便还是优质的有机肥，增加了莲藕植株本身的抗性。莲藕主要虫害为莲缢管蚜和斜纹夜蛾，斜纹夜蛾可在春季大发生前用斜纹夜蛾诱捕器防治，能有效控制田间虫量，做到基本不用杀虫剂防治。莲藕病害有莲藕腐败病、炭疽病等，可通过采收后及时清除枯枝残叶，石灰消毒，与水稻、茭白轮作等农业措施防治，一般不使用农药防治。若局部病害较重，应对症选择高效、低毒、低残留，对水产养殖没有影响的农药，严禁在中午高温时施药，切记养鳖的藕田禁用扑虱灵、吡虫啉、菊酯类、有机磷类等农药。因藕田套养鳖的密度低，鳖的生长环境好，活动范围宽广，一般不会发病。

第七节

茭田养殖

茭白，又名高瓜、菰笋、菰手、茭笋、高笋，是禾本科菰属多年生宿根草本植物。分为双季茭白和单季茭白（或分为一熟茭和两熟茭），双季茭白（两熟茭）产量较高，品质也好。古人称茭白为"菰"。在唐代以前，茭白被当作粮食作物栽培，它的种子叫菰米或雕胡，是"六谷"（稌、黍、稷、粱、麦、菰）之一。后来人们发现，有些菰因感染上黑粉菌而不抽穗，且植株毫无病象，茎部不断膨大，逐渐形成纺锤形的肉质茎，这就是现在食用的茭白。这样，人们就利用黑粉菌阻止茭白开花结果，繁殖这种有病在身的畸形植株作为蔬菜。世界上把茭白作为蔬菜栽培的，只有中国和越南。茭白多生长于长江湖地一带，适合在淡水里生长。茭白田属中低水位、面积较大的水生植物种植田块，水质清新，鱼、螺、水草等水生动植物种类和数量丰富，是养殖中华鳖的理想场所。

俞朝研究认为，茭白田中套养鳖不但为鳖提供了理想的生长环境，也为茭白田起到除草、驱虫、松土和施肥的作用，同时也可充分利用茭白田的空余水面，使鳖、茭互生互利，不仅使茭白增产，还能提高鳖的品质，是一项高效、生态的种养模式（彩图10-9）。实践证明，该模式不仅能增加农民收入，还可少施农药、化肥，避免土壤、水体污染，保障农产品质量安全，保护生态环境。

一、茭白的生长特性

茭白属喜温性植物，生长适温10～25℃，不耐寒冷和高温干旱。平原地区种植双季茭为多，双季茭对日照长短要求不严，对水肥条件要求高，而温度是影响孕茭的重要因素。茭白根系发达，需水量多，适宜水源充足、灌水方便、土层深厚松软、土壤肥沃、富含有机质、保水保肥能力强的黏壤土或壤土。

茭白有秋产单季茭和秋夏双季茭两类。这两者均用分株繁殖，长江流域单季茭在清明至谷雨分墩定植，夏秋双季茭可分春秋两季，春栽在谷雨前后，秋栽在立秋前后。

茭白可分为以下四个阶段。

（1）萌芽期　入春后3月、4月开始发芽，最低温度5℃以上，以10～20℃为宜。

（2）分蘖阶段　自4月下旬至8月底，每一株可分蘖10～20个及以上，适温为20～30℃。

（3）孕茭阶段　双季茭6月上旬至下旬孕茭一次，8月下旬至9月下旬又孕茭一次。单季茭为8月下旬至9月上旬才孕茭，适温为15～25℃，低于10℃或高于30℃，都不会孕茭。

（4）生长停滞期和休眠阶段　孕茭后温度低于15℃时分蘖和地上部生长停止，5℃以下时地上部枯死，地下部在土中越冬。

二、茭田改造

选择通风向阳、水源充足、水质良好、排灌方便的田块。由于鳖有掘穴和攀爬的特性，茭白田四周按养鳖要求，设置防盗防逃设施，防逃设施材料可用1米高的石棉瓦，要求30厘米埋入土中。防逃设施应建在塘埂内，以防敌害或鳖掏洞逃走。在田边四角各筑1个投放饲料台，田中央筑一平台，供鳖晒背用；茭白定植前，用石灰粉消毒田块。沿四周田埂内侧，距田埂0.5～1.0米挖环形条沟，沟宽2～3米、深0.5～0.8米；田间每隔15墩茭白丛挖一条深50厘米、宽80～100厘米的纵沟，环形条沟与纵沟连在一起。

三、放养管理

在利用茭田养鳖的时候，种植的茭白品种可选双季茭或单季茭，一般在3月份种植，跟鳖的生长期一致，每亩约1500墩，不能太密集而影响鳖的生长。选择生命力、抗病性强、商品性好的品种，可选择"日本鳖"。该品种具有养成阶段生长速度快、耐储运等特性。因一般茭白田养鳖采用春放秋捕的模式，所以放养鳖种的规格要求每只在250克以上，到秋天可生长到500克左右的商品鳖。鳖种的放养时间一般在5月中旬、连续3天水温达到20℃以上时放养。放养密度要看茭田中自然饵料的多少和放养后是否投喂而定。若茭田中自然饵料较多，不投喂饲料的每亩放养50只，投喂饲料的每亩放养200只；若茭田中自然饵料较少，不投喂饲料的每亩放养20只，投喂饲料的每亩放养150只。最好选择连续晴好的天气放养，放养前鳖体用3%～5%盐水浸泡消毒10～15分钟。

四、秋茭栽培要点

早熟品种选用浙茭911、中熟品种选用浙茭2号、迟熟品种选用浙茭6号。3月下旬当苗高30厘米时选择作标记的茭墩进行单株假植育苗，株行距20厘米×20厘米，7月初夏茭采收后定植，采用宽窄行定植，宽行行距1.2米，窄行行距0.6米，株距0.5米，每亩栽1700墩，每墩分蘖4～6个。定植时茭苗随起随种，剪去叶尖，留叶和叶鞘40厘米。

秋茭栽培时不施基肥，定植后1周左右（7月中旬）施返青肥，定植后15天（7月下旬）施复合肥；定植后1个月左右（8月初）再施1次复合肥，当有30%以上植株进入扁秆期时（9月底或10月初）施复合肥。追肥以复合肥为主，尽量少施尿素，避免因氨浓度过高而对中华鳖产生毒害。

掌握"浅水促蘖，深水孕茭"的原则，前期3～6厘米浅水勤灌促分蘖：后期当每墩分蘖达到20～25株时，水层加深至10厘米，控制无效分蘖；秋季栽培孕茭期在9月底或10月初，气温逐渐降低，水层保持在10厘米左右。雨天注意排水。套养田块灌水可适当加深，但水深不能超过茭白眼，因为茭白眼组织较嫩，病菌容易侵入。当茭白田水质变差时，需要及时更换新鲜水，增加水体溶解氧。在7～8月高温季节勤灌水降低水温，使沟底水温不超过32℃，不影响鳖正常生长。

茭鳖共生模式中，由于鳖的活动增加了茭白植株的抗性，减少了病害的发生。对于发生较多的二化螟、长绿飞虱等虫害，建议安装光气一体化飞虫诱捕机，能有效地将田间虫量控制在化学防治范围以内，基本不用杀虫剂专门防治。若局部有病害发生，应对症选择高效、低毒、低残留，对水产养殖没有影响的农药，施药后及时换注新水。茭白田养鳖，鳖的生长环境得到改善，活动范围广，一般不会发病，不用对鳖特别用药。

五、夏茭栽培要点

秋茭采收后，排干田内积水搁田，适当搁田促进根系生长。在翌年1月茭白地上部枯死后齐泥割去地上部残株，及时清理茭叶，然后施足基肥，每公顷施有机肥及时搭棚覆膜，保温、保湿促生长。

2月下旬进行第1次间苗，每墩留苗20株，及时去除小拱棚及棚膜；3月下旬间苗定苗，及时间去弱苗，每墩留壮苗15～20株，间苗后施复合肥。当有50%孕茭（4月中旬）后，施复合肥。分蘖前期灌水5厘米，如遇倒春寒则需深水护苗，分蘖期水深10～15厘米，孕茭期水深20～30厘米。

六、养殖过程管理

茭田养鳖还是需要人工投放饲料，但每天可以只投喂一次，一般在每天上午10点投喂。投饵时要注意把饲料投在食台上，一般日投饵量为鳖体重的2%。茭田养鳖要定期巡田，巡田时观察防逃设施的完好情况，进水口、排水口的完好情况，鳖的吃食和活动情况，茭田的水位变化情况等，发现问题应及时处理。因鳖活动频繁，茭白田几乎没有杂草生长，在生产过程中只需及时去除茭白的黄叶、老叶、病叶，拔除雄茭、灰茭即可。每天定时定点科学投料，饲料以螺蛳和小杂鱼为主，日投放量约占鳖重量的5%，夏季投食量适当增加。冬季，鳖进入冬眠期后，不需投放食料。水质、水温对鳖的生长发育影响很大，注意观察水质变化，并及时换水，控制水位。坚持每天巡田，加强守卫，检查防逃网是否有漏洞、水质是否正常等。

七、捕捞收获

单季茭田里的鳖，在12月至翌年3月，分批捕捞上市；双季茭田里的鳖，一般于翌年8～12月，分批捕捞上市。单季茭白：8月底梳理茭白黄叶，10月初茭白采收，10月中旬采收结束。茭白采收时间短而集中，此后用工量也减少。双季茭白：夏茭于孕茭后10天左右即可采收上市，5月初始收，6月底结束。秋茭在孕茭14天后，茭肉肥大似蜂腰状后，露白0.5～1.0厘米时及时采收。一般10月中旬梳理茭白黄叶，10月底秋茭开始采收，采收期20～30天，采收时连同上部叶片一起，留35厘米后剪去上部叶片，保留外部叶鞘1～2片。12月初采收结束，采收时间较长。茭白采收完毕后，在清理茭墩时，应让鳖进入鳖沟，此后放水，鳖进入茭田继续放养。

第八节

网箱养殖

网箱养殖（彩图10-10）是在水体里设置由聚乙烯网片或金

属及其他材料制成的箱体，在箱体内进行水产养殖的一种养殖方法。网箱养殖发展之初主要是在大水面进行，养殖的品种主要以培育鱼种和成鱼养殖为主，经过几十年的发展，现代网箱养殖已经突破了原有的发展空间，养殖水体已由大水面发展到池塘，由鱼类养殖发展到黄鳝等特种水产品养殖，养殖的形式、产量、效益都有了较大的提升，是现代设施渔业的一种重要的养殖形式。

网箱养殖实际上是一种圈养的方法，网箱内外的水体是可以自然流动的，水通过水流、风浪、鱼群的游动等进行不断的更新，箱外新鲜水体不断补充进来，并源源不断地带来溶解氧和浮游生物，为养殖生物提供必需的生长生活条件。同时水流也能带走无用的鱼类残饵及粪便等，使得网箱内的水域环境一直处于一种较好的状态，有利于养殖品种的生存。可以说网箱养殖过程中的水体交换，既保证了高密度养殖过程中不会缺氧，又能不断地补给天然饵料，同时又能保证水质清新，是一种将大型水体的优越自然环境条件同小型集约化精养方式有机结合的现代养殖模式，它比其他养殖方式更能充分利用大水面的有利条件。

一、网箱养殖优缺点

可以充分利用水体中的天然饵料和水域空间，可以节约开挖鱼塘的土地、劳动力等成本，网箱在正常情况下可以连续使用五六年。应用水域范围较广，湖泊、河流、水库等地都可以设置网箱，这些水域不用修建工程，不存在渔农矛盾，宜推广。网箱养殖水质条件优越，在有微流水的区域设置网箱，水体中溶解氧含量能保持在5毫克/升以上，排泄物能迅速排出箱外，保证良好的水体环境，而且箱体内的品种被限制在一个较小的环境中，热量损耗较少，饵料充分，生长速度快，缩短了饲养周期，养殖产品生长快，品质高。

网箱养殖灵活机动、饲养管理方便。特别是浮式网箱，可以随时离开不适宜的水域环境，实现游牧式放养，商品鱼上市方便，有利于活鱼运输和管理。在生产过程中，可以随时观察鱼群活动、摄食情况，发现鱼病可及时治疗，方便简单。在一个水体中可以结合进行几种养殖类型或养殖种类，而管理和产品仍然是分开的。起水容易，网箱养殖犹如水中的仓库，从销售上看是边饲养边销售，可以按需上市，需要多少就捕捞多少，收获时不需要什么特定的捕捞工具。可以投喂人工配合饲料，进行饲养名贵品种，实现高密度精养高产养殖模式。

当然网箱养殖受到许多客观条件的限制。如水位过浅或者水面过分波动不宜养殖，同时箱体周围要保持足够的水量及溶解氧。网箱需经常清洗。网衣需要经常洗刷，清除附着生物以保持网目通畅，保证代谢产物能顺利排出箱外。饲料等可能会通过网壁流失，需经常检查网箱，防止网衣破损发生逃鱼现象。

二、养殖环境

山塘水库极易受到山洪侵袭，水质容易混浊，并且交通不便；平原水库要注意水质污染问题，发达地区的水容易受到工业污染。因此，水库要求水质无污染，水深2米以上，没有大浪等自然侵袭，周边环境好，无污染和敌害生物，水体积温高等为佳。

三、网箱制作与设置

设置网箱前，必须要先行设置围栏网，面积为网箱养殖面积的一倍左右，既可以挡住杂物和敌害生物，同时能抵挡风浪侵袭，利于管理。围栏要求坚固耐用，用竹子及铁丝网或者聚乙烯网架设，要求保持水流通畅，网目不小于5厘米。网箱采用聚乙烯有结网片缝制而成，网绳为6股6号，规格为7米×7米×3米，网目为2～3厘米，箱底网目1厘米左右，为敞开固定式网箱，箱架用直径50毫米的镀锌钢管固定而成，四周有宽50厘米的走道，用泡沫或塑料油桶作浮子，网箱呈"双并列，中走道"排列。以12个网箱为一组，每组网箱外加套一个大网箱。放置在偏僻、无风、光照条件好的库湾内。网箱入水2米，网箱四角各安装一根1米高的钢管用于固定网箱，网箱要向内延伸20厘米，并用绳索拉紧呈"┏"形，防止中华鳖逃逸。网箱内靠近走道1米左右放置一个6米×1米的木制食台（兼作晒背台），网箱面积较大的还可以适当种植一些水葫芦用以净化水质。

四、放养管理

放养规格要求250克/只，密度为8只/米²左右，放养前用高锰酸钾或食盐水浸泡消毒，放养时将消毒后的鳖连盆贴水面放置，让其自行爬入网箱内。

网箱养鳖要有配套设施，最好要有温室和池塘，实现三段式生态养殖，第一阶段利用温室培育稚鳖，第二阶段利用池塘培育幼鳖，第三阶段在网箱中进行品质提升养殖，使生态鳖真正达到标准。

五、饲养管理

以投喂人工配合饲料为主，也可适当搭配一些小杂鱼或冰鲜鱼，但要注意避免污染水质和部分野杂鱼抢食。投饵基本按"四定"原则。定质，除了市售的商品饲料外，成鳖添加2%的鱼油和5%的新鲜菜汁。定量，应控制在1小时内吃光为宜，以免引来过多的小杂鱼。定时，每天喂2～3餐，时间可根据当时的具体天气而定。定点，将饲料投在设好的饲料台上。

六、日常管理

由于排泄物与附着生物的黏结，网箱的网眼逐渐被糊死，会影响水体的流通，对箱内的水环境不利，所以要定期洗刷网箱。同时网箱固定要牢固，由于夏季雷雨天气比较多，在大水面上短时风雨大，网箱的设施极易受损，每组网箱要用钢丝绳加固，并经常性检查，减少不必要的损失。巡塘分早、中、晚3次，一般都在投喂前巡塘观测，检查网箱完好情况，有无敌害进入，鳖的活动情况，吃食情况，箱内水质的变化情况等，并做好巡塘记录，如发现问题及时处理。重点预防真菌性疾病，由于真菌繁殖快，网箱用药不便，会产生较大损失，因此要预防为主。

七、及时捕捉

网箱养鳖的捕捞，如是临时捕，可用捞海，如是彻底清箱可先把箱中的食台、晒背台与草栏拆掉，然后解开固定箱身的绳子，再托起箱底打开盖网的一角把鳖倒入网袋即可。网箱养鳖在冬季存在越冬的技术难题，因此在水温降到28℃时就要及时将鳖捕捉回塘或出售，避免不必要的损失。

第九节

庭院养殖

庭院养鳖是指在每家每户的房前屋后空地上，挖小型水泥池开展的鳖养殖活动，包括单养、暂养和混养等。

一、庭院养鳖的优点

鳖是水陆两栖动物，每天可以在陆地上或者水面上自由活动2～3个小时，且由于用肺呼吸，所以对水体的大小、深浅等要求并不是非常严苛，其适应能力很强，因此在农家房前屋后的空地开展鳖养殖，只要保持水体环境良好，水质不恶化，即使溶解氧含量略低，对鳖正常的生长发育基本不会有太大的影响，所以近年来庭院养殖鳖在广大农村悄然兴起，成为农民致富的好门路，由于适应我国国情，其经济效益和社会效益都非常显著。

庭院养鳖（彩图10-11）具有成本低、见效快、效益好、管理方便等优点。只需在房前屋后开挖出适宜的小水池，做好防逃，架设简易进排水水泵即可，不需要其他专用设备，所以一般农户庭院内外，只要有一定面积，水源充足（经水质检测符合淡水养殖标准），又有饵料条件均可养殖。另外庭院养殖不占用基本农田，养殖过程所需劳动力较少，基本利用劳动闲暇之余开展，劳动强度低，不增加额外劳动力。而且庭院养鳖可以充分利用农村丰富的螺蛳、河蚌、蝇蛆、杂鱼等饵料资源，加上多余的一些农副产品的废弃豆粕等，其饲料成本大大降低。但是要在有限的庭院水池面积上获得高的产量，以提高经济效益，则需要科学养殖。

二、庭院养鳖池塘准备

庭院养鳖要求环境安静，水质清新无污染，池塘大小均可，但最好不要小于10平方米，池塘宜开挖在背风向阳、水源充足的地方，也可利用低洼的水坑作为鳖池。城镇没有河水、塘水等，可利用自来水作为养殖用水。可在离墙1～2米处挖土坑（考虑房子的安全），建砖石水泥池，也可建土池。池塘建成东西向，池深1.5米、水深1米。在池底一侧建出水口，且池底以缓坡向出水口倾斜，在出水口对侧池壁水位线以上40厘米处设进水口，进水口、出水口均加防逃铁丝网。在池的向阳侧池壁留1∶2的斜坡与陆地相接，以便鳖上岸晒甲，其余三面池壁可垂直于池底，也可留坡。池底铺10～20厘米厚的细沙。根据鳖池大小，养殖数量的多少，在池中建饵料台（兼作休息台）。池周空地，可铺沙或建产卵房，以备雌鳖性成熟后产卵。如鳖池面积较大可在池中建小土岛，以供鳖休息、晒背或产卵用。放养幼鳖前清除池底部分淤泥，做滩，鳖池四周必须有防逃设施，四周埂面上用竹片条编压的竹帘作防逃墙，竹帘插入泥面深30厘米左右，并每隔2～3米用桩固定，竹帘上方还用铁丝网作障碍物，以防偷。池中间和池岸四周分别栽种水生植物，使池水保持在良好的理化状态。池水的pH值要求在7.0～7.2，溶解氧含量不低于3.0毫克/升。

三、庭院养鳖放养管理

放养前对养殖池、池周陆地等养殖环境及所用养殖器具彻底消毒。池水深度可视养殖规格而定，如养殖稚鳖可保持水深20～30厘米，养殖幼鳖可保持40～50厘米，成鳖和亲鳖可保持1米左右。适量施放经发酵腐熟的有机肥料，保持一定的肥度，透明度为30～40厘米。放养密度根据规格不同，要合理高密度养殖，同时在养殖过程中要根据生长情况及时合理地分养。放养前对由外地购进的鳖严格检查，一定要健康活泼，无伤无病，而且在进池前要以食盐水或高锰酸钾浸洗消毒，严格把好防病关。

四、庭院养鳖投饲管理

饵料是鳖快速生长发育的物质保障，所以应因地制宜、力所能及地为不同规格的鳖提供适口性良好、营养丰富的全价饵料。饵料投喂也要坚持"四定"原则，即定时、定质、定量、定点投喂。以肉食性饵料为主，常用饵料有昆虫、肠类、死禽、蚯蚓、鱼、螺、蚬、蝇蛆、瓜类、豆饼、浮萍、水草等，可与附近饭店、食堂、食品厂等单位联系，利用其下脚料，每天投喂量为鳖体重的5%，分上午、下午2次投喂，池中设数个饵料台，饵料台被水淹没10～30厘米。另外，在池中设一电灯，夜间既有利于看管，又能诱虫供鳖摄食。

五、庭院养鳖日常管理

养殖水体是鳖赖以生存的重要环境条件，所以要经常注意水质变化，囤养鳖一般密度都较高，所以，必须保持水质清新，定期换注新水，囤养池应配备一台小型水泵，每天或每2～3天向池内冲水1次，使水呈淡绿色，并定期施放生石灰以改善水质，透明度30厘米左右。要注意鳖的摄食、活动情况，发现异常要及时采取措施。同时，还要根据气温、水温的变化采取相应的管理措施。如在炎热天气，要注意搭架遮阴，同时又要保持一定的光照，让鳖可以晒背。在寒冷时节，鳖池上以塑料大棚保温，为鳖创造一个良好的生态环境。在不冷不热的季节，强化投饲，促进生长。庭院养鳖规模虽小，但对家庭养殖来说，如果饲养管理搞得好，也可达到低投入、高产出的目的，是一项很有发展前景的家庭养殖业。

六、庭院养鳖病害防治

囤养鳖易患红脖子病、腐皮病和脂肪代谢不良病等，当发现鳖活动、吃食不正常时，及时将病鳖捞起销售或隔离治疗，饲养期间要保持饵料新鲜，不投喂腐烂变质的食物，定期消毒，并注意鼠害。

七、庭院养鳖起捕运输

成鳖起水捕捞的方法很多，但最好是抽干池水，穿下水裤下池用脚探用手捉。起捕时间一般是春节前后，但要事先将不符合上市规格的幼鳖捕起，辟专池饲养，使其正常冬眠，有利于来年继续饲养。鳖的运输可用车或船，将其盛放于竹筐或包装箱中，但套叠的层数不宜超过3层，以免鳖被压伤或窒息死亡。

围栏养殖

我国湖泊、水库水域资源十分丰富，充分合理利用湖泊等水体实施中华鳖的围栏生态养殖，实现湖泊渔业经济效益、生态效益和社会效益的和谐统一，改善湖泊渔业环境，协调湖泊的各种功能，服务湖区渔民，对协调农业结构、开拓出口产品、丰富人们生活、增加渔民收入、繁荣地方经济具有重要意义。

围栏养殖包括网围养殖和网栏养殖两种方式。网围养殖是利用湖泊、水库等宽敞水域的优越环境，利用网具圈围成一个个方形、圆形或椭圆形的小区域来进行水产养殖的一种形式；网栏养殖是利用湖泊、水库等大水面的边角等有利地形，用网具拦截出一个个小区域进行水产养殖的一种形式（彩图10-12）。

一、养殖地址的选择

1. 水源的条件

水域的环境条件是中华鳖生态养殖的重要条件之一，养殖水域水质一定要良好，所选养殖水域必须符合《无公害食品—淡水养殖用水水质标准》的规定，透明度不小于30厘米，水的pH值在7.5～8，水深在1.5～2.5米。

2. 区域条件

根据鳖的"三喜三怕"的生活习性，养殖场应选择在背风向阳、安静，而且要远离交通干线、居民生活区和工业区的水域。

3. 土质条件

所选水域底质土壤要符合无公害水产品生产要求，最好是黏土或壤土，水域的水质呈弱碱性，淤泥深度不能超过30厘米，如果淤泥过深的话，要清除过多的淤泥。

二、围栏设施的设置

围栏是湖泊网围（网栏）养殖中华鳖的重要环节之一，围栏设施的设置应注意以下几个方面。

1. 面积

围栏面积的大小要适宜，面积过大不便于管理，面积过小会相应增加生产管理成本，围网养鳖一般选择20～40亩为宜，最好一边靠岸，岸上用砖块砌高0.5米的围墙，用水泥抹光。

2. 材料

河的三面用竹箔加聚乙烯网围成，竹箔的高度应高出本地区常年最高水位50厘米，顶部用聚乙烯网做出30厘米的翻盖，底部竹箔插入地下30厘米；也可单用聚乙烯网围成，聚乙烯网用光滑的石子或黄沙做成带状压底。

3. 防逃设施

为了防止在养殖过程中鳖的逃逸，要做成双层围网（围栏），即在第一道围网外2～3米再做一道常规围网或竹箔，并在两层围栏之间设置地笼，用以观察鳖是否有外逃的情况，以便及时采取防范措施。

三、成鳖饲养管理技术要点

1. 放养前的准备工作

（1）食台或晒台的设置　在网围内要设置一定数量和面积的食台或晒台，一般每亩设置3米×1.5米的食台或晒台3～5个，并进行固定。用毛竹加聚乙烯网布做成，也可直接用木板做成，既作食台也可作晒台。

（2）清围消毒　放养前7～10天对整个网围进行消毒，每亩水体用生石灰100千克化浆全箱泼洒，泼洒时在水的上游要适当多洒一点。

（3）栽种水生植物　网围内可适当栽种水葫芦等水生植物，面积控制在网围面积的1/4～1/3。

（4）投放螺蛳　在围栏里要投放一定量的螺蛳，既降低饲料成本，又可提高鳖的品质。螺蛳投放一般在清明前，根据鳖的放养密度及湖区天然螺蛳的拥有量，每亩投放150～300千克。

2. 幼鳖的放养

（1）鳖种的选择　应选择品质纯正、体质健壮、皮肤光亮、裙边肥厚、无病无伤、规格整齐、个体重在100克/只以上的幼鳖。最好是从就近的良种场选购的稚鳖或幼鳖。一是相对减少鳖在网围里的生长周期；二是提高放养成活率。

（2）幼鳖消毒　放养前用3%的食盐水消毒15分钟或用高锰酸钾20毫克/升浸泡20分钟。

（3）放养时间　幼鳖放养时间一般在5月下旬以后，放养时应选择晴天中午。

（4）放养密度　根据自己的管理水平和投资能力来确定放养密度，一般每2～3平方米放养幼鳖1只，亩放养量在200～300只。

另根据各个湖区的水质状况适当放养一定数量的花白鲢及少量的团头鲂，一方面充分利用水体资源，另一方面用于调节水质，而团头鲂可以清除围栏设施上附着的藻类，保持水流畅通。

3. 饲料投喂

饲料投喂严格按照"四定"原则，即定质、定量、定时、定位。

（1）定质　定质就是要求投喂的饵料一要新鲜，二要营养配比合理，三要适口，四要不含病原体或有毒物质。

（2）定量　定量就是以存塘鳖的重量，并根据不同的生长季节来确定日投喂量，一般日投喂量为存塘鳖体重的4%～10%。总之投喂量以3～4小时内能吃完较为适宜，阴雨天和气压低的天气下则适当减少投喂量。

（3）定时　定时就是投饵要有规定的时间，并形成规律性，但定时不是机械的，可随季节、气候的变化而适当调整。南方地区每天上午8～9时投饵一次，下午3～4时投饵一次；北方可略推迟。水温18～20℃时2天1次，水温20～25℃时每天1次，水温25℃以上时，每天2次，分别为上午10时前和下午4时后。如果所在湖区水流较大而且放养密度较高的情况下，则应按"少吃多餐"的原则，适当增加投喂次数，但总投饵量不宜增加。

（4）定位　定位就是投饵要投到设置的食台上，使所有鳖养成到固定地点吃食的习惯。这样既便于观察鳖的生长情况，又便于检查吃食状态，同时也可及时清除残存饵料。

4. 日常管理

（1）水质　围栏养殖设置在湖区或水库，因此水质管理工作要靠整个水域所有的养殖户来共同管理和维护，通过制订湖区或库区相关的管理办法来实现。

（2）残饵清除　鳖吃剩的残饵黏附在食台上极易腐烂变质，从而引发鳖生病。因此，每天傍晚太阳下山时及时把残饵扫入水中，既清洁了食台的卫生，又可作为套放鱼类的饵料。

（3）消毒　一是定期食台消毒。为了防止食台滋生病菌，要经常对食台进行消毒，消毒通常用5毫克/升的漂白粉或20毫克/升的高锰酸钾溶液，消毒一般在傍晚食台清洗后进行。二是水体消毒。在整个生产过程中要定期或不定期地进行水体消毒，消毒药物最好用生石灰和漂白粉，而且要间隔交替使用，注意在水的上游要泼多一点。

（4）防逃　围栏养鳖就担心逃逸，因此加强防逃管理十分重要，日常要注重对围栏的四周进行巡视查看，主要是防止水老鼠等咬破围网造成鳖外逃，同时还要看双层围栏之间的地笼中是否有鳖，如果有要及时查找破洞并及时修补。另在夏秋两季的下雨天，围栏内大多数鳖会顺着围栏爬行，更要加强巡视。发现有鳖外逃或外围地笼内有鳖，要立即寻觅和切断其逃逸途径。

（5）防病　虽然鳖抗病能力较强，在自然水体环境中很少发病，但人工养殖时由于密度增加仍有病害发生。因此要注意观察鳖的吃食及活动情况，若无特殊原因，如发现鳖突然食量减少或拒食或行动迟缓就是鳖发病的先兆，此时应立即捕捉活动迟缓的病鳖，观察其症状，然后对症下药，具体防病治病方法详见第十一章。

四、成鳖的捕捞

在围栏内经过1～2年饲养的鳖规格达到每只600克以上时，就可以捕捞上市，一般是捕大留小，然后进行补放。围栏养鳖通常的捕捞方法是用地笼捕捞，也有用鳖枪进行捕捞的。用地笼捕捞时，为了防止鳖闷死，放置地笼时其尾部（也叫梢袋）必须有1米左右在水面之上，并要及时取走进入梢袋里的鳖。

第十一节

大水面增养殖

大水面增养殖（彩图10-13）就是利用封闭型湖泊、水库及湖荡地区人工围成的几百上千亩的圩口等养殖水面单元较大的水体中进行增养殖的统称。从养殖模式上我们把它分为两类，一类是人工增殖，另一类是人工半精养。

我国湖泊、水库资源十分丰富，尤其是长江中下游地区，封闭型湖泊及人工大面积圩口在总水面中占有一定的比例，这些水体的绝大部分都适合开展中华鳖的增养殖。

一、人工增殖

水库、湖泊等大水面大多为灌溉及生活饮用水的主要水源地，尤其是对于较大面积的且为饮用水水源的水库和湖泊，就渔业生产而言，在这些水域里只能采取增殖措施，这样才能既充分合理地利用水体资源，又能使水体不受污染，保持水域原有的良好的生态环境。人工增殖就是对在自然水域环境条件下生活的经济水生动物采取综合的辅助措施，促其数量增长的一种手段，例如放流、移殖、环节改良等。

在水库、湖泊等大水面实施鳖的人工增殖，一是要选择符合鳖栖息条件的水域，或者通过人工改良，如必须有一定面积的滩地和适当数量的土埂；二是水域中要有丰富而适口的天然生物饵料；三是该水域要有明确的管理主体。

鳖的人工增殖以经过强化培育的5克以上的稚鳖为主，根据水域条件及管理水平亩放5～10只。两年后，当个体规格达500克以上时，才能允许逐步捕捞上市，并依据捕捞的数量进行补放。

二、人工半精养

人工半精养就是介于人工增殖和精养之间的一种养殖方式，它是在天然的或人工的面积较大的水面里，通过投放适量的鳖种，以水体中的天然活饵料为主，辅以少量的人工饵料，达到增加单位水体产量的目的。这种养殖模式既提高了水体经济效益，又保护了生态环境，实现了水面资源的可持续利用，同时也有一定的社会效益。

1. 放养前期的准备工作

（1）水域的选择　依据中华鳖的生物学特性，应选择环境安静、水质清新、无工业污染及生活污染、水草资源丰富（最好是沉水植物中的苦草、轮叶黑藻等，挺水植物中的芦苇、蒲草）、螺蚬等天然活饵料较多的水域。螺蚬、水草等不足可以进行人工增殖或种植，这样，不但使鳖获得充足的动物性、植物性饵料，而且有利于改善水体环境。

养殖面积的大小可根据经营者的经济实力和养殖管理水平来确定，一般以200～500亩为宜，最大不要超过1000亩。

（2）防逃防盗设施的建立　采用石棉瓦（矿石板）和聚乙烯网片将养殖水域四周围起来，有条件的可以用砖墙或铁丝网代替。一般下层用石棉瓦围60厘米高，上层加聚乙烯网片，高1.5米，用来防盗，聚乙烯网用木桩或竹竿加以固定。

（3）清野　为了提高稚幼鳖放养的成活率，在放养前要进行清野，清野就是采用各种方法清除水域中对鳖能够造成危害的凶猛性鱼类及其他敌害生物，为鳖的生长提供适宜的、安全的水体环境。

（4）生态环境的营造　一是移植水生植物。根据水域里水生植物的天然拥有量及种类，使其面积控制在整个水域面积的1/4～1/3。二是投放螺蛳等生物鲜活饵料。在养殖水域里要投放一定量的螺蛳和青虾，既降低饲料成本，又可提高鳖的品质。螺蛳投放一般在清明前，根据鳖的放养密度及湖区天然螺蛳的拥有量，每亩投放100千克左右。三是构建人工岛屿。在水域四周或水中的浅滩处构筑人工岛屿，每个岛屿面积100～200平方米，每3～5亩构建一座，并在岛屿上设置适量面积的沙滩区，而且上方设有遮雨篷，既可以作为鳖的晒背、栖息场所，又可作为鳖的产卵场地。

2. 放养

（1）鳖种选择　应选择规格整齐、体质健壮、无病无伤、活力强、反应快的鳖种。有条件的养殖户，最好就近在省级中华鳖原良种繁育场选购种质优良的品种。

（2）放养的规格　大水面由于水体环境条件相对于池塘来说要复杂，而且其管理也有一定的难度，因此，大水面养殖中华鳖应投放大规格的幼鳖，放养幼鳖规格在150～300克。如果确实没有这样规格的幼鳖，投放稚鳖要在养殖水域里进行围栏暂养，经1个月左右的强化培育后，再放入大水面中。从而可提高鳖种的放养成活率，降低生产成本，增加经济效益。

（3）放养数量　鳖种放养数量的确定，既要结合水体环境条件和面积的大小，又要根据养殖者的管理水平及经济投入能力。幼鳖一般放养量在20～60只/亩，如果是投放的稚鳖，应在此基础上增加10%～20%。

稚幼鳖在放养时要进行消毒，其消毒方法同本章第一节"池塘主养"。

3. 合理套养

为了科学合理地利用水面资源，提高单位水面的经济效益，大水面养鳖应套养一定数量的鱼类。其套养应遵循经济效益、生态效益及社会效益同步提高的原则，鱼类套养数量及品种根据水域资源的具体条件和鳖的生物学特性来确定，按年捕捞产量在200～300千克/亩投放鱼种。对于面积相对较小的养殖水面，即500亩以下的鱼的产量可适当增加到400千克/亩左右。

4. 日常管理

大水面养鳖的日常管理工作，重点是防逃和防盗，尤其是在大水面的进水口、排水口，要设置双层拦网，防止鳖和鱼逃逸。

第十一章

中华鳖病害及其防治

- 第一节 中华鳖病害发生的原因
- 第二节 鳖病的特点与检查
- 第三节 鳖病的治疗方式
- 第四节 常见的鳖病及其防治

中华鳖病害发生的原因

　　中华鳖一般来说抗病力和抗逆性还是比较强的，在自然水域中生长，其很少发病，但在高密度养殖或者工厂化养殖过程中，由于管理不当造成的发病现象也很多，有的甚至引起大批量死亡，给养殖户造成巨大的经济损失。鳖病发生的原因是机体、环境和病原体三个方面的因素相互作用的结果。环境和病原体是外界因素，是鳖病发生的基本条件；机体是内在因素，是鳖病发生的根本原因；只有在不良的环境条件下，病原体才会滋生，一旦机体失去了抵抗能力，鳖病即会发生；三者相辅相成，缺一不可。

一、环境因素

　　鳖大部分时间生活在水中，水是鳖的主要栖息环境。水环境容易受物理的、化学的及人为的因素影响而发生变化，中华鳖对其变化一般情况下有一定的适应能力和忍耐能力。但是如果其变化超过了中华鳖的适应范围和忍耐程度，或者中华鳖机体的健康状况发生了变化，失去了正常的应变能力，并且恶劣的环境条件不断延续，那么中华鳖就会跟其他水生生物一样罹患疾病，导致死亡。影响中华鳖栖息的水环境、诱发疾病发生的主要因素有物理、化学及人为等方面。

1. 物理因素

　　（1）温度　鳖是变温动物，几乎没有调节体温的能力，对外界温度的变化较为敏感，导致中华鳖病发生的物理因素主要是水温，水温的变化直接影响中华鳖的生长发育及代谢活动，温度过高或过低，都会危及中华鳖（特别是稚鳖）的生存，中华鳖池常发生的冻害和暑害就是例子之一。稚鳖在露天越冬，因池水冻结，会造成稚鳖大量死亡；稚鳖、幼鳖在温棚越冬，如果水温突然降低，也会引起大量死亡。盛夏若中华鳖池池水很浅，不采取遮阴降温措施，水温超过35℃时，中华鳖则食欲减退，体质衰弱，抗病力低，易染疾病，同时也要防止水温温差变化过大引起发病。

（2）透明度　池水的透明度也与中华鳖病害的发生有一定的关系。透明度是水体肥瘦的指标，一般要求25～30厘米，透明度太小，水体有机质含量过多，易造成水质败坏，为细菌大量繁殖创造条件，易使中华鳖被感染；透明度太大，水体清瘦，也是某些疾病（如白斑病）发生的原因。

（3）噪声　鳖生性胆小，喜欢安静，如果有大量的噪声干扰或者外来人员频繁活动，会影响其正常的摄食和晒背，影响其生长发育从而生病。

（4）设施和工具　要注意养殖设施的光滑，如果饵料台、晒台和池壁等较为粗糙，容易划伤鳖的身体，从而引发感染。操作工具注意分区域使用，不能随意混杂，不然容易将一个养殖场的病原带到另一个池子，防止交叉感染。在进行分池、放养、换水、运输等过程中，要注意操作轻快，减少人为伤害，减少相互之间的挤压和咬伤。

2. 化学因素

化学因素主要包括毒物的污染、氨氮的污染、腐败有机物的污染和盐分污染等，它们影响中华鳖栖息环境的底质和水质。中华鳖爱钻泥，又有长达5个月之久的冬眠期在池底度过，被毒物、氨氮和腐败有机物污染及不洁的底质不仅直接影响中华鳖的健康与生存，而且还是有害藻类和病原菌滋生的最好场所，诱发中华鳖发生病害。同时，这些污染物又会引起水质恶化，使之发臭，长期生存在这种水质中的中华鳖，正常生理功能受到影响，病害发生的可能性增大。

（1）溶解氧　鳖虽然是用肺呼吸，但其具有的辅助呼吸器官会吸收水体中的氧气，因此水体溶解氧也是影响鳖正常生长的关键因素。当溶解氧偏低时，鳖辅助呼吸能力减弱，同时溶解氧偏低会减缓水体中残饵粪便的分解，产生大量有害物质，导致病害的发生。

（2）pH　强碱性对鳖皮肤黏膜有损伤，酸性又会造成鳖摄食能力下降，在弱碱性条件下，水体有害病原的繁殖能得到部分抑制。pH还会影响水体中分子氨和离子氨的比例及硫化氢的比例，影响水体中有毒有害物质的存在。

（3）药物饵料等外源污染　养殖过程中，由于养殖密度大，投饵料多，容易造成大量的残饵积累，同时饵料在保管过程中，由于受潮等容易出现霉变、污染等。养殖过程中出于防病治病的需要，有时会频繁用药或者用药不当，造成养殖对象耐药性增强或者养殖环境药残过高，反过来会影响水环境，导致更严重的疾病发生。如在有白斑病病原的鳖池，大量多次施用抗生素等药物，抑制了池水中某些微生物，为真菌的萌发创造了条件。应特别注意的是，在引用外源性水的情况下，水体中的有毒有害物质是否超标，水体要经过检测安全方能使用。

3. 人为因素

人为因素可造成对中华鳖不利的生存环境，也是导致中华鳖生病的原因。人为因素对环境的影响主要是以下几个方面。

（1）鳖池建造不合理　鳖池设计不合理，无单独的进水、排水系统，导致不同池的鳖相互感染；鳖池过大或过小、过深或过浅，影响鳖的正常栖息和饲养管理；晒背场和食台欠佳，不能满足鳖的生理活动与正常生存的需要；池壁粗糙，容易造成鳖体受伤等。

（2）放养密度过高　放养密度过高时，由于鳖会相互争夺食物，相互撕咬打架，容易出现不必要的损伤，受伤的鳖极易感染一些疾病，所以放养密度控制不好也是造成病害频发的一个因素。

（3）饲养管理不当　中华鳖养殖的环境，也会因人为饲养管理不当带来不良的影响，如水质的管理，池底质的消毒，投饲，防冻，遮阴及其他搭配的养殖品种、水生植物不当或缺乏等。

（4）人为损伤　养殖过程中，由于鳖需要分池、运输等，如果操作过程不当心，或者工具不完善，容易造成鳖体受伤，受伤鳖在后期养殖过程中不仅容易生病，还容易把疾病传染给正常群体。

二、机体因素

中华鳖的年龄、体重、体质和鳖病发生与否有着很大的关系。一般来说，年龄小、个体小、体质弱的鳖，对疾病的抵抗力差，死亡率高。在稚鳖、幼鳖阶段，由于它们体质较弱，行动迟缓，如遇饲养不当，则极易患病，尤以破壳后的头3个月的稚鳖死亡率最高。据粗略统计，在自然条件下，各龄鳖的死亡情况是：1龄鳖死亡率为10%，2龄鳖死亡率为5%，3龄鳖死亡率为1%～2%。在人工养殖条件下，死亡率要大大高于这个比例，这是因为人工养殖条件下的中华鳖，由于遗传属性的退化，营养不良及日常管理不善等多方面的原因，会使它们的体质减弱，抗病能力下降，对疾病的易感率增加。具体表现在：近亲繁殖，中华鳖的种质衰退；营养不良，中华鳖的体质下降；中华鳖体受伤，打开病原体侵入的门户；密度过大，中华鳖的易感概率增加。

三、病原体因素

大部分中华鳖病害，是由各种病原体传染或侵袭中华鳖机体，在中华鳖失去抗御能力时引起的新陈代谢失调，发生病理变化而造成的。没有病原体的繁衍，就会降低中华鳖病害的发生率。病原体的种类主要是指寄生于中华鳖机体内，可造成中华鳖生理障碍的生物体，它包括病毒、细菌、真菌、寄生虫等。

1. 病毒

病毒是一种个体微小，结构简单，只含一种核酸（DNA或RNA），必须在活细胞内寄生并以复制方式增殖的非细胞型生物。病毒是一种非细胞生命形态，它由一个核酸长链和蛋白质外壳构成，病毒没有自己的代谢机构，没有酶系统。因此病毒离开了宿主细胞，就成了没有任何生命活动也不能独立自我繁殖的化学物质。一旦进入宿主细胞后，它就可以利用细胞中的物质和能量及复制、转录和转译的能力，按照它自己的核酸所包含的遗传信息产生和它一样的新一代病毒。绝大多数病毒能通过滤菌器，须用电子显微镜放大数千至数万倍才能看到，病毒传染性强，所导致的疾病死亡率高；目前还缺乏特效的抗病毒药物。尽管至今尚未分离到中华鳖类疾病的致病病毒，但有些疾病（如鳃腺炎、出血病等），已经通过组织学观察到病毒的存在，因此由病毒所引起的可能性较大。

2. 细菌

细菌是生物的主要类群之一，属于细菌域。也是所有生物中数量最多的一类，据估计，其总数约为$5×10^{30}$个。有原核的单细胞生物，它的细胞很小，一千个左右的细胞连接起来仅米粒大小，一个细菌不超过几微米，需用显微镜放大几百倍才能看到，它的个体大小随种类不同而异。细菌的形态有球状、杆状和螺旋状三类，分别称球菌、杆菌和螺旋菌。目前所发现的中华鳖的细菌病害最大的主要是杆菌，如嗜水气单胞菌、假单胞菌等。腐皮病、疖疮病、穿孔病等主要致病菌为杆菌。此外，习惯上还把细菌对革兰染色的不同反应分为革兰阳性菌和革兰阴性菌两类，目前所发现的鳖类的细菌性病原大多为革兰阴性菌。

3. 真菌

真菌，是一种真核生物。最常见的真菌是各类蕈类，另外真菌也包括霉菌和酵母。真菌自成一门，和植物、动物和细菌相区别。真菌和其他三种生物最大的不同之处在于，真菌的细胞有含甲壳素（又叫几丁质、壳多糖）为主要成分的细胞壁，和植物的细胞壁主要是由纤维素组成的不同。真菌的生长方式类似植物，营养摄取方式则类似动物，通过将有机物分解成植物可以利用吸收的简单物质，以摄取维持生命活动所必需的营养。霉菌，是丝状真菌的俗称，意即"发霉的真菌"，它们往往能形成分枝繁茂的菌丝体，但又不像蘑菇那样产生大型的子实体。霉菌是真菌的一部分，其特点是菌丝体较发达，无较大的子实体。同其他真菌一样，也有细胞壁，寄生或腐生方式生存。霉菌有的使食品转变为有毒物质，有的可能在食品中产生毒素，即霉菌毒素。自从发现黄曲霉毒素以来，霉菌与霉菌毒素对食品的污染日益引起重视。对人体健康造成的危害极大，主要表现为慢性中毒、致癌、致畸、致突变作用。中华鳖的真菌病病原有水霉、毛霉、丝囊霉及腐霉等。

4. 寄生虫

寄生虫指具有致病性的低等真核生物，可作为病原体，也可作为媒介传播疾病。寄生虫特征为在宿主或寄主体内或附着于体外以获取维持其生存、发育或者繁殖所需的营养或者庇护的一切生物。许多小动物以寄生的方式生存，依附在比它们更大的动物身上。在中华鳖上寄生的寄生虫种类也很多，小到原虫，大到蛭类，如血簇虫、锥虫、吸虫、棘头虫、蛭等。此外还有一种在中华鳖体表固着共生的寄生虫（如钟形虫），它虽不直接摄取中华鳖的营养，但是它的固着不仅会严重地危害中华鳖的生存，使鳖的体表受损，还会导致其他病原体的继发性感染，尤其是细菌的感染。

病原体对中华鳖的感染条件除了与上述的环境和中华鳖机体的状况有关之外，还有以下两点。

（1）中间寄主　病毒要在活细胞内才能正常生长与繁殖，病毒在未对寄主感染之前，必定要在某一中间宿主中寄生；有些寄生虫（如中华鳖锥虫、血簇虫等）也是通过中间宿主而感染的。这些病原体，一旦失去了中间宿主，就切断了它的侵入途径。

（2）条件致病　中华鳖的有些病原体（如嗜水气单胞菌）在水域中、健康鳖的皮肤及肠道内普遍存在，一般情况下，它们对机体的毒力都较弱，不会引起鳖致病，但在某种条件诱导下，会导致病原体毒力和致病力增强。这种条件除了环境与机体两个方面外，还与病原体的某些内在因素有关，目前尚缺乏研究。

第二节

鳖病的特点与检查

一、发病特点

鳖由于生理特点和鱼类有极大的不同，其发病特点与鱼类病害相比也有很大的差异：鳖发病的潜伏周期较长，当其感染病原后，并不会立即发病，而是经过一段时间的累积后，或者自身抵抗力下降时才会暴发；并发症多，鳖发病往往不是单一发病，而是多种病同时发生，相继发生；难以治疗，鳖发病除了早期不易发觉外，其治疗方法也存在局限性，同时缺乏较为有针对性的特效药，造成病害难以完全治愈或反复发作。

二、检查方式

1. 目测法

鳖在感染病原或发病后，身体部位会发生明显的不同，且不同的病原其显现的症状也不同，如一些大型寄生虫，肉眼容易发现。其他如水霉病等，在水体中也较容易被发现。同时对病死的鳖还可以解剖检查，检查内脏器官有无红肿、变色、坏死、溃烂或者寄生虫。

2. 镜检法

有些病原需要使用显微镜或者解剖镜才能进一步确认，由于每次镜检只能检查很小的一部分，所以取样部位力求准确，同时每一个病变部位要检查3次以上。取样方法为，对体表充血、发炎、溃烂的取组织或者黏液，对于疖肿部位取内容物，对于腹胀取腹水或血液，对于组织器官变化明显的直接取样（彩图11-1）。

3. 微生物法

通过从鳖身体直接分离病原，经过培养、鉴定、动物试验等一系列手段，来确定患病鳖的分离物是否为传染或者导致该病的主要病原及种类，这是检测诊断该病是由细菌性或者病毒性引起的重要的、最为直接有效的手段之一。

第三节

鳖病的治疗方式

一、注射法

（1）适用范围　适用于病情严重的鳖，是一种促进病鳖快速吸收药物，发挥药物疗效的给药方式。

（2）使用方法　注射部位一般在后肢基部，注射前，应先用酒精棉球对注射部位消毒，根据鳖的大小，选用25毫升的注射器，5～7号针头，针头与注射部位表面呈约10°角，注入深度为1～1.5厘米。注射的方式有肌内注射和腹腔注射，前者是将药物注入到鳖后肢的肌肉内，后者是由后肢与腹甲相接处注入腹腔，针头应不伤内脏器官。两者效果基本相同。

（3）优点　用药进入鳖体，药量准确，吸收快，疗效好。

（4）缺点　麻烦，易损伤鳖体。

（5）注意事项　注入鳖体药液不可太多，一般500克体重的鳖注射量为0.5毫升左右，200克以下的鳖为0.1～0.2毫升；多次注射时，不应在同一部位注射。

二、口灌法

（1）适用范围　这是口服法的一种补充方法，适用于病重且已失去摄食能力的个别病鳖。

（2）使用方法　用筷子或木棍塞入病鳖口中，然后将药水用注射器灌入。

（3）优点　可以保证病鳖获得一定的药物量，挽救病重的鳖。

（4）缺点　操作麻烦，易使鳖处于应激状态，加重病情。

（5）注意事项　操作应小心，不要使病鳖损伤；动作尽量快捷，避免病鳖过长时间处于应激状态；药物一定要注入到病鳖的咽喉部位，避免灌入的药物从口中流出；口灌药物时，应配以一定的营养药物，以恢复病鳖的体质（彩图11-2）。

三、口服法

（1）适用范围　杀灭体内的病原体；借以药物的吸收和分布，对体表病原体的感染也有杀灭作用。可用于预防和病情轻的鳖病治疗。

（2）使用方法　将药物与鳖喜欢吃的配合饲料混合，拌以适量的黏合剂，制成药面、药团或大小适口的颗粒，投喂到鳖食台上；将药物与适量的黏合剂混合，用水调成糊状，然后用鳖喜食的鲜活饲料粘上药物，晾干后投喂。

（3）优点　方便、安全、易于实施；对水体无污染，也不会对鳖造成药害。

（4）缺点　这是一种自愿给药方式，对病重已停止摄食的鳖，没有疗效；该给药方式与鳖的摄食能力密切相关，其摄食能力与鳖的年龄、大小、体质等有关，故给药量不均匀。

（5）注意事项　为了提高疗效，使更多的鳖能吃到药饵，应在投药前停食1天左右。药饵应多投几个点；鱼鳖混养池，因鱼的摄食能力比鳖强，应首先投够鱼所吃的饲料，让鱼吃饱后再投鳖的药饵；或者将饲料投到食台水面上鱼不能吃到的地方；药饵的投喂量要比平时投喂量少10%～20%，以便鳖能全部将药饵吃完。药饵所用饲料，最好选择鳖喜欢吃的饲料。不应长期使用同一种抗生素或磺胺类药物投喂，并严格控制抗生素或磺胺类药物的投喂量，以免产生抗药性。

四、涂抹法

（1）适用范围　病情严重的体外感染病鳖，尤其是病灶深入到鳖体深层者。

（2）使用方法　在病鳖病灶部位涂抹较浓的药液或药膏，借以杀灭病原体，促使伤口愈合。涂抹前，最好用一定的药液或人工的方法清洗病灶表面的污物。涂抹后，将病鳖置于无水处约半小时，让药液或药膏晾干。最后在外表涂抹适量的凡士林以保护药物不因鳖放入水中后立即被洗掉。

（3）优点　用药量少，副作用小，对病情十分严重的鳖疗效较好。

（4）缺点　操作麻烦。

（5）注意事项　治疗洞穴病和疖疮病时，要将药物涂抹在病灶的深层部位；涂抹药液的浓度要适度，不可过高；防止药液流入病鳖口部，以免产生药害。

五、浸浴法

（1）适用范围　体外病原体感染，常用于消毒和病重鳖的治疗。

（2）使用方法　将较高浓度的药液置于较小的容器中，强迫病鳖在一定的时间内药浴，以便杀灭体表的病原体或促使体表病灶收敛、愈合。

（3）优点　用药浓度高，作用较强，治疗效果较好；用药量较少，比较经济；治疗过程直观，能观察到病鳖对药物的反应，可及时采取相应的措施。

（4）缺点　需要干池将病鳖捞出，易造成鳖的损伤，比较麻烦；水体中的病原体不能杀灭。

（5）注意事项　使用本法最好在干池、转池或运输前后结合使用；浸浴时应注意浸浴水体的温度。温度高时，应适当缩小药物的浓度或缩短浸浴的时间，反之亦然。此外，还应注意病鳖的病程与体质，对于体质虚弱的鳖应采取短时间多次浸浴的方法；发现鳖在药液中有不下沉的反应，应及时将其转入清水中；药浴水体的水温应与病鳖所处水体的水温基本保持一致。两者相差不应超过2℃；忌用金属容器浸浴；若容器中的药液要多次浸浴时，则每次浸浴后，要适当添加一定量的药物，以便维持原有的浓度；浸浴后的药液不要倒入鳖池（彩图11-3）。

六、挂篓（袋）法

（1）适用范围　适用于发病前期的预防和疾病的早期治疗。

（2）使用方法　将药物装入篓（袋）内，篓（袋）挂在鳖的食台或晒台等经常出入的地方，根据食台或晒台的大小确定篓（袋）数，篓（袋）一般放在水下10厘米左右处，每次持续挂3～4天。

（3）优点　由于食台或晒台周围挂篓（袋）后，周围池水形成一定药物浓度的消毒区，鳖经常出入此处，可达到消灭体外病原体的目的。因食台周围残饵沉积多，水质较差，是病原体滋生的场所，通过挂篓（袋），增加了该重点区域的药物浓度，可抑制和杀灭病原体。用药量少，没有危险，副作用小。方法简便，易于实施。

（4）缺点　只能杀灭食物场等挂篓（袋）区的病原体及常来此区域的鳖体表的病原体。

（5）注意事项　鳖对该药的回避浓度高于该药的治疗浓度，反之，则不能用此法。篓（袋）所用药物总量的确定：①根据挂篓（袋）后，鳖的吃食和晒甲情况进行衡量，若鳖不来吃食或晒甲，则药物浓度太大，应减少篓（袋）数量，至鳖出入此处而篓（袋）中药物没有溶完为度；②各篓（袋）所用药物的总量应不超过该药全池泼洒时的用量。挂篓或挂袋应根据药物的理化性质而定，如漂白粉等有腐蚀作用，应采用挂篓法；而硫酸铜等较易溶解，则应采用挂袋法。为了保证挂篓（袋）时鳖来吃食，挂篓（袋）前应停止投饵1天；在挂药期间选择鳖最爱吃的饲料投喂，投喂量应比平时略少，以保证鳖第二天仍来吃食。下雨天、刮风天不宜采用。

常见的鳖病及其防治

一、鳃腺炎

鳃腺炎（彩图11-4）可由病毒、细菌或真菌引起。已报道的病毒有疱疹病毒、彩虹病毒、弹状病毒、弧长孤样病毒，细菌有嗜水气单胞菌和温和气单胞菌。病鳖体外症状主要表现为颈部异常肿大，但不发红，全身水肿，内脏出血，腹甲上有出血斑，后肢窝隆起，眼睛呈白浊状甚至失明，行动迟钝，常伸长头颈，不愿入水，引颈呼吸，不吃不喝，最后衰竭而死。临床上常把此病分为以下三种类型。

（1）出血型　病鳖底板、四肢及尾部有红斑，口鼻出血，解剖检查可见其鳃状组织有纤毛状小突起，且充血糜烂，有分泌物，口腔、食管发炎充血，肝脏充血肿大呈"花肝"，肠道内充满成团的血液，同时腹腔严重积水。

（2）失血型　病鳖底板、四肢及尾部无红斑，解剖可见其鳃腺纤毛状突起，淡白色糜烂，有分泌物，食管和肠管内有黑色瘀血块，肝脏土黄色，质脆易碎，深入分析解剖无血流出，肌肉和底板灰白无血色。

（3）混合型　病鳖鳃腺鲜红，食管和肠管内有黑色瘀血块，腹腔充满血水，肌肉和底板呈白色。

把鳃腺炎分成上述三种类型，只是为了诊断方便，实际上，这三种类型是鳃腺炎病程发展中的三个阶段，即早期、中期、晚期。

该病主要危害稚幼鳖，2龄以上的鳖则较少发病。该病常年均可发生，但主要流行季节在5～9月，6月中下旬为发病高峰期。发病水温为25～30℃。发病率在20%～60%，发病15天开始死亡，死亡率很高。

防治方法如下。

① 病因未明，预防为主，引进时要检疫，发病后要深埋、焚烧。

② 用大青叶20毫克/升、板蓝根40毫克/升水煎剂全池泼洒。

③ 病重的鳖注射复方大青叶和板蓝根注射液，剂量为2毫克/升，每天2针，然后将其浸入60毫克/升的大青叶、板蓝根合剂溶液中。或肌内注射穿心莲注射液（2毫克/升）。

④ 用0.05%的盐酸吗啉咪胍，添加在饲料中连喂6天，有一定疗效。

⑤ 治疗50克以上的幼鳖，每千克体重注射链霉素20万单位，隔天1次，连续2次，发病早期有效。

⑥ 应注重对水体消毒，并用有益微生物等水质改良剂调控水质。

二、红脖子病

鳖细菌性败血症又称红脖子病、赤斑病、出血性败血症、气单胞菌病等（彩图11-5）。病原主要是嗜水气单胞菌，此外还有迟缓爱德华菌。发病早期，鳖食欲减退，反应迟钝，腹甲轻度充血；疾病后期，病鳖的腹甲、颈、四肢、口腔、舌尖、鼻充血、出血；颈部红肿出血，不能缩入，口及鼻孔中流血水，有的眼睛失明，全身肿胀；解剖可见食管、胃、肠的黏膜充血、出血，肝、脾肿大，有充血、出血、坏死病灶，肝肿大，土黄色或灰黄色，有针尖大的坏死灶，脾肿大，有的还有腹水。鳖完全停止进食，常爬上岸，钻入泥沙中，见人也不逃避，大多在岸上晒背时死亡。

稚鳖、幼鳖和亲鳖均受害，死亡率很高。发病季节主要是每年3～10月，水温18℃时发病，温室养殖一年四季均有可能发病，死亡率在20%～30%。

防治方法如下。

1. 预防

（1）成鳖和亲鳖在放养前，要将池塘底泥和沙子翻耕一遍，然后暴晒几天，再每亩用200千克生石灰喷洒消毒，为成鳖和亲鳖的入池创造一个健康的环境。

（2）放鳖前，每立方米水体泼洒3千克生石灰；或泼洒漂白粉，使池水呈0.15毫克/升，彻底清塘。

（3）鳖种下池前用浓度为1%～3%的盐水，或5～10毫克/升的漂白粉精，或10～30毫克/升的高锰酸钾水溶液药浴10～30分钟。

（4）活饵料洗净后用5%盐水浸洗5分钟，食场定期泼洒漂白粉进行消毒。

（5）食物要适口，营养丰富，供应充足，可采摘新鲜马齿苋粉碎后，拌入饵料，或煮水浸泡病鳖。

（6）疾病流行季节，全池泼洒1次浓度为0.4毫克/升的三氯异氰脲酸，并内服抗微生物药如土霉素或者氟苯尼考，3天后，药量减半。

（7）在日常饲养中，应经常注意水质的变化和管理，保持水体清洁，经常换水。在发病初期可每天加注5厘米的新水，使病情减轻和缓解。

（8）平常收集病鳖的肝、肾、脾等组织，做成土法疫苗。注射后放池，以增强鳖的自身免疫力。

（9）勿使病鳖混入，发现病鳖，立即捞出，进行隔离治疗，病死的鳖应埋掉。

2. 治疗

（1）每隔1～2天，全池遍洒浓度为0.3～0.5毫克/升的三氯异氰脲酸，共洒1～3次。

（2）每100千克鳖用15克氟苯尼考，或20克土霉素，或20克青霉素拌饵投喂，每天投喂2次，连喂5～7天。或者100千克鳖用卡那霉素或庆大霉素1500万～2000万单位，混入饲料中一次投喂。

（3）硫酸铜8～10克溶于1立方米水中，浸洗病鳖10～20分钟，或链霉素50毫克/升浸洗3小时，每天1次。

（4）单个爬上晒台、沙中和在水面独游的病鳖，每千克鳖可腹腔注射庆大霉素或卡那霉素10万～20万单位一次，不连续注射，重病者可间隔3～4天再注射一次。

（5）按每千克20万国际单位的剂量肌内注射链霉素后，放入浓度为0.75%的土霉素水溶液中浸洗30分钟。

（6）用病鳖肝、脾制成土制疫苗，每千克鳖治疗量1～2毫升。

三、鳖疖疮病

病原主要是气单胞菌、普通变形杆菌、产碱杆菌。病鳖首先在颈部、背部、腹部、四肢长有1个或数个芝麻大至黄豆大的淡黄色或白色疖疮，疖疮逐渐扩大，向外突出，四周红肿，最终表皮破裂。此时用手挤压四周压出带有臭味的黄白色颗粒或脓汁状的内容物，有的黄白色颗粒易被压碎，或放入水中即自行分散为粉状物；随病情发展，内容物会自行散落，留下一个空洞，形成明显的溃疡。病鳖似乎全身不适，不进食，活动减弱或静伏于池周岸上或食台上，并逐渐消瘦。最后四肢和头不能缩回，衰竭而死。有的病鳖因病原菌侵入血液，迅速扩散全身，呈急性死亡，发病鳖肺部充血，肝脏肿大，呈黑色或褐色，体腔内有积水（彩图11-6）。

对稚鳖、幼鳖、成鳖和亲鳖均危害，但对稚鳖、幼鳖的危害更大。发病快，死亡率高，该病的流行季节是5～9月，发病高峰是5～7月；如果气温较高，10月份也会继续流行，本病也是温室养殖常发生的疾病。该病的流行温度是20～30℃，水温30℃左右此病极易发生。在我国湖南、湖北、河南、河北、安徽、江苏、上海、福建等地曾发现此病流行。

防治方法如下。

1. 预防

（1）在幼鳖饲养中，应注意及时分级饲养，以减少鳖之间的撕咬、争斗，减少病原由体表创伤感染的机会。

（2）发现病鳖及时分离治疗，同时加强对水质的管理。

（3）对饵料用鱼必要时应作适当处理，以防病原通过食物传播。

2. 治疗

（1）可用40毫克/升的土霉素溶液浅水浸浴病鳖4～5天。

（2）个体较大的病鳖可采用迫食药物的方法进行治疗，每千克体重投喂盐酸甲烯土霉素10万国际单位或土霉素0.2克。

（3）在病鳖的穿孔病灶部分轻轻清除秽物后，在穿孔病灶处涂抹红霉素软膏，连续敷药3～5天。

四、腐皮病

病原为嗜水气单胞菌、温和气单胞菌、假单胞菌、无色杆菌等多种细菌，以气单胞菌为主要致病菌。发病初期，鳖精神不振，反应迟钝，腹甲轻度充血；后期，体表腐烂或溃烂，病灶部位可发生在颈部、背甲、裙边、四肢及尾部，这也是该病的主要特征。常表现如下：颈部皮肤溃烂剥离，肌肉裸露；背甲粗糙或呈斑块状溃烂，皮层大片脱落；四肢、脚趾、尾部溃烂，脚爪脱落；腹部溃烂，裙边缺刻，有的结痂。病鳖肝脏和胆囊肿大，肝颜色发黑、易碎（彩图11-7）。

腐皮病对稚鳖、幼鳖、成鳖和亲鳖都可危害，成鳖和亲鳖往往病程较长。

该病主要危害高密度囤养育肥的0.2～1.0千克的鳖，尤其是0.45千克左右者。该病发病率高，持续期长，危害较严重，死亡率可达20%～30%。我国从南到北各个鳖的养殖区域都有此病流行，尤以长江流域一带严重。流行月份是5～9月，7～8月是发病高峰期；如果水温高，生长季节延长，该病的流行期也会延长。温室中全年均可发生。该病的发生与水温有较密切的关系，水温20℃以上即可流行，温度越高，该病发生率越高，且常与疖疮病并发，发病死亡率达20%～30%。

预防与防治方法同鳖疖疮病。

五、白底板病

该病病原较复杂，尚无定论，包括细菌性病原与病毒性病原及细菌和病毒交差感染。细菌性病原有嗜水气单胞菌、迟缓爱德华菌、假单胞菌、普通变形菌等。病毒病原分类地位尚不明了。病鳖外观体表完好无损，无任何外伤或者疖疮等症状，底板大部分呈浮白色或苍白色，极度贫血，头颈肿胀伸长，全身性水肿，解剖时伤口无血液流出，背甲稍微发青。解剖可见腹腔内大量积液，肌肉苍白无血，亲鳖的卵无血丝。肝、肾肿大质硬，土黄色；心肌淡白，松软扩张，胆囊肿大，肾、脾变黑缩小，肠道发白，呈贫血状，结肠后段坏死，内壁脱落出血，血液常淤积在直肠中，肠壁坏死松软，因此雄性生殖器常脱出体外，雌性常见直肠中血液从泄殖腔排出体外。病鳖无食欲，反应迟缓，四肢无力，浮于水面难以沉底，摄食量较低，有时夜晚游至岸边，脖子伸直翻转，最后死亡（彩图11-8）。

主要危害成鳖、亲鳖和幼鳖，是近几年对中华鳖养殖危害较为严重的一种疾病，该病发病时间短，发病过程急，一旦发生难以控制，死亡率为30%～50%，严重时可导致全池覆灭。该病流行时间长，春、夏、秋均可发生此病。主要流行月份是5～10月，6月为发病高峰期。25～30℃时发病高峰。该病在湖北、福建、河南等省的鳖养殖地区较为流行，特别是进行集约化或者高密度养殖的温室中，发病较为突出。

防治方法如下。

1. 预防

（1）选用优质中华鳖苗种，提高中华鳖的生长和抗病能力。

（2）严格进行消毒：放养前半个月，鱼塘必须用生石灰或漂白粉等彻底消毒才可使用；在出池、放养及过塘过程中注意细心操作，以免机械损伤。

（3）定期进行水质调节和水体消毒：每隔15～20天用15千克/（亩·米）的生石灰或用350克/（亩·米）的二溴海因全池泼洒；使用光合细菌1～3微升/升加以改善水质，中和池中各种有机酸，改善底质环境，保持水质稳定，防止强烈和频繁的应激引起中华鳖抵抗力下降。

（4）选用营养均衡、新鲜度好的中华鳖配合饲料，保证中华鳖的正常生长和增强中华鳖的体质；出温室放养前10天应在饲料中加强速饵净、胆利康的添加，以增强中华鳖自身免疫力，提高抗病能力。

2. 治疗

（1）全池泼洒福尔马林，用量20千克/（亩·米），用后1～2天再调节好水质。

（2）全池泼洒大黄［用量750～1500克/（亩·米）］和硫酸铜［用量500克/（亩·米）］。

（3）全池泼洒五倍子［用量350～750克/（亩·米）］。

（4）投喂药饵。在饲料中加入先锋霉素或复方新诺明投喂，投喂方法是：第一天用药每50千克饲料添加50克，第2至第7天减半，7天为一个疗程。

（5）在饲料中添加维生素C，具体方法是每50千克饲料中添加25～50克的维生素C（含量90%以上）。

六、爱德华菌病

病原为迟缓爱德华菌。病鳖表皮脱落，腹面中部可见暗红色瘀血，背腹甲内壁有瘀血，腹腔有腹水，水肿。肝肿胀、质脆、瘀血，有米黄色小点，严重时融合成一片，形成结节状肉芽肿。胆肿大，呈墨绿色。肾小管上皮细胞肿大，颗粒变性。脾深紫色，呈出血状。肠发白，无明显病理变化，呈贫血状。肺炎性水肿，肺泡肿大，肺泡壁血管充血，腹部有腹水，背腹甲内壁有瘀血。病鳖精神不振，运作缓慢无力，悬浮于水面或岸边呆滞不动，较易捕捉（彩图11-9）。

该病主要危害温室养殖的稚鳖、幼鳖，出温室后的幼鳖也易患此病，一般病程发展较缓慢，不会出现暴发性死亡。该病流行季节为5～9月，流行水温为20～33℃。

防治方法如下。

① 加强水质管理，每15天用浓度30毫克/升的生石灰水泼洒。

② 在饲料中添加50%的新鲜蔬菜或适量的复合维生素。

③ 发病后每千克鳖用50毫克的卡那霉素或20～40毫克的庆大霉素投喂，连喂5～7天。

七、白毛病

病原主要是水霉菌、棉霉菌等真菌。病鳖的颈部、背甲、四肢或全身长有柔软的灰白色绒毛状物，在水中呈絮状，当其上面粘有污物时，绒毛呈褐色或污物的颜色，绒毛覆盖全身时，病鳖像披了一层厚厚的棉絮。病鳖焦躁不安，或在水中狂游，消耗体力，或与其他固体物摩擦，引起更大面积的创伤，当菌丝体寄生于脖颈时，病鳖伸缩困难，游泳失常，食欲减退或拒食，最终消瘦死亡。

该病主要危害稚鳖、幼鳖，偶或也有成鳖受感染；该病一年四季都有可能发生，主要发于夏季，水温30℃左右，发病率较高，但一般不会造成较大的死亡率，只有当霉菌大量寄生鳖脖颈或寄生体表达2/3以上面积时，病鳖才会死亡。

防治方法：使池水保持一定肥度，水色呈褐绿色为好。操作时防止鳖体受伤，发现病鳖可用适量磺胺药物软膏涂患处，效果较好。也可用百万分之三或百万分之四的亚甲基蓝溶液进行药浴，或每立方米水体用100毫升福尔马林对饲养池进行消毒杀菌，均可达到消毒目的。

八、鳖的血簇虫病

病原主要有三种：中华血簇虫、湖北血簇虫和帽血簇虫。病鳖红细胞内挤满了血簇虫，寄生细胞核被挤到一边。细胞严重膨大、变形，失去正常的生理功能。当血簇虫在红细胞内进行裂体增殖时，会造成大量红细胞解体，外周出现许多幼红细胞，进行代偿性增生；白细胞表面亦出现许多伪足状突起。血簇虫在血细胞内裂殖时，对血细胞有破坏作用。血簇虫大量寄生会引起鳖贫血，不安，活动减弱，生长停滞，最终消瘦死亡。

该病在各年龄段的鳖均有发生，但一般未发现有较大的危害，流行月份是3～12月，主要为5～9月，温度越高，流行越快。

1. 预防方法

（1）消除池底过多淤泥，并进行消毒。

（2）发现鳖体表有鱼蛭寄生，应及时用老丝瓜瓤吸足猪血，待血凝固后放入池中诱捕鱼蛭，并将鱼蛭压死。

2. 治疗方法

目前尚无理想的治疗方法。

九、钟形虫病

该病由钟形虫寄生而起。鳖体被钟形虫附着而引起组织溃烂，背、颈、脚、尾等处长出白色纤维状絮毛，病鳖食量减少直至不吃，行动迟缓，体质逐渐消瘦，最后身体溃烂而死。此病死亡率较高。

防治方法：可将病鳖用8毫克/升的硫酸铜溶液浸洗鳖体24小时，用2%～3%食盐溶液浸洗3～5分钟或用20毫克/升的高锰酸钾溶液浸洗，每次30～35分钟，每天1次，1周后可治愈。可用1毫克/升漂白粉全池泼洒。

十、脂肪代谢障碍病

该病主要是由于鳖吃了腐烂变质的鱼肉或霉变的干蚕蛹或长期摄食高脂肪的饲料，导致变质脂肪酸在体内积累，造成代谢功能失调，逐渐酿成病变。

病鳖腹部呈锈色并有灰绿色斑纹，颈粗，皮下水肿，四肢肌肉软而无弹性。裙边瘦而有皱纹；体变高而重，行动迟缓，常游于水面，最后停食而死。病症较轻时不易被发现。

防治方法：保持饲料新鲜，不投喂腐败变质的食物，特别是变质的干蚕蛹，经常添加维生素E于饲料中。多用人工配合饲料。

十一、营养性肝病

主要是由于使用的鱼粉变质、油脂酸化、饲料不新鲜或者饲料受潮变质产生的有毒物质对肝脏造成损伤或者油脂过多形成的脂肪肝。该病主要发生在200克以上的成鳖阶段，发病后鳖体厚大，裙边窄薄，四肢肿胀，行动迟缓，生长缓慢，产卵数量和受精率大大下降。

该病主要是由于长时间使用变质饲料引起的，是累积性的一种疾病，一旦发病治疗较为困难，主要是做好预防工作，如投喂优质饲料，保障营养均衡，定期投喂一些保肝护肝或者促消化、解毒的中草药。

十二、水质不良引起的疾病

池中腐败物过多，易产生氨气，当水中含氨量达2～5毫克/升时，鳖就会中毒生病。病鳖腹侧甲壳变红，背甲变软，裙边卷缩，体形消瘦，爬上岸不吃食、不活动。发现有上述情况，应立即排出污水，加注新鲜水。

第十二章

中华鳖的捕捞与运输

- 第一节　中华鳖的捕捞
- 第二节　中华鳖的运输

第一节

中华鳖的捕捞

搞好中华鳖的捕捞对于提高中华鳖的回捕率和整个养殖效益有着十分重要的意义，是养殖最终环节的重要节点。同时搞好中华鳖的包装与运输又是提高中华鳖商品价值的途径，保证其有一个较好的销售空间，争取最大的经济效益。中华鳖的捕捞应根据不同的水体、不同的季节采用相应的工具和方法，在捕捉过程中要小心操作，减少鳖体受伤。我国民间中华鳖养殖与捕捞的历史很长，捕捞方法多种多样，下面详细介绍不同的捕捞工具与捕捞方法，各地可根据实际情况选择适宜的捕捞方式。

一、干塘集中捕捞

主要用于池塘养殖，养殖池塘中的鳖，如果需要大部分或者全部捕捞时，应将池水排干，捕捞时间为1月上旬至2月初的春节前后进行，采取脚踏和翻泥捕捞法相结合。用木质小耙子由池的一侧依次翻土，捕捉潜入泥沙中的鳖。对于池塘较大难以全面翻土的，可先将池塘里的水排至20厘米深，然后边捕捉，边将池水搅浑，再将池水全部排干，人不再入池，等到夜晚，泥沙中的中华鳖会全部爬出。此时可用灯光照捕，一般可一次捕尽。若不放心可用大的中华鳖叉在池塘中再戳一遍（彩图12-1）。

二、滚钩

一般在鳖的摄食和繁殖季节，将多道磨得锐利的滚钩拦设在其活动频繁的浅水处，鳖一旦被钩住身体某一部位，因其挣扎活动，往往被滚钩牵制，挣脱不得。适用于湖泊、河道等自然水体。

三、钩钓或卡钓

可采用普通钓鱼的钢钩或卡鱼的竹片。每个钩（或卡）配长40厘米左右的支线，钩间距离为100厘米左右，线一端缚在干线上，另一端系钩（或卡）。干线长数十米至数百米，在每支干线的一定距离上系有浮标，浮于水面，借以识别钩的位置和调节干线在水中的水层。干线的两端用重物固定。钩上系新鲜猪肝、鱼虾、田螺、蚯蚓等诱饵。因鳖贪食，往往很容易上钩或被卡，夜深人静时鳖吞饵后钩便随饵吞到口腔或消化道中，次日即可顺线取钩捕获。适用于湖泊、河道等自然水体。

四、针钩

目前不少地区采用针钩效果很好。一般采用3号或4号普通缝衣针，将针鼻用铁钳卡断，造成针的两端都尖锐，然后用直径1.3～1.5毫米粗的胶丝线，长度根据需要而定，将钓线在针中间绑牢，另一端绑在池边的短棍上，以便作为起钩和固定的标志。钓饵采用新鲜的猪肝、羊肝或其他鲜肉，钓饵上最好沾有少量的五香粉、麻油、冰片等（即普通烹调佐料），将钓饵切成拇指粗，以鳖能畅通吞下为宜，长度以钓饵两端不露针即可。然后将针穿在钓饵中心，胶丝线在针的一端伸出，或在针中央伸出均可，将钓饵投放在鳖经常出没的地方，另一端牢牢固定，当鳖将有针的钓饵吞进口腔或胃中后，感到有异物刺扎，往外吐时，因一端已扎在食管（或胃）壁上，另一端在吞的过程中恰好横在食管（或胃）的另一侧壁上，欲吐不能，逃走时针会横在鳖咽喉处，即可趁机捕获（彩图12-2）。

五、下笼（或下篮）

即在笼（或篮）内悬绑些鳖喜欢吃的食物，如鱼虾、青蛙等，笼有一外口大、里口小并设有许多顺刺的设置，阻止鳖的退路。当鳖觅食时顺口爬进，就不能再出来，而成了"瓮中之鳖"。

六、探测耙

探测耙用竹子或木棍支撑，手柄长度在90厘米左右，顶端有横档，宽度60厘米，上面有10个左右的尖锐竹条做的齿，齿长40厘米。一般适于秋末冬初，或早春解冻不久时进行探测（彩图12-3）。这时天气尚冷，鳖还在泥沙中冬眠，用探测耙在鳖的栖息区域进行探测，若耙接触到鳖时，便发出"嘭嘭"的闷响之音，感觉比泥沙硬，比砖瓦软，即可判断有鳖，然后用脚踩住鳖的前部，使其后部翘起，再用两手扣住后肢窝，拿出水面即可。采用此法捕捞须能掌握鳖的冬眠场所。鳖喜欢成群潜居在向阳背风、水深1米左右的深沟或软泥较多的凹陷处。有时还可以在水面上观察到鳖在水中呼吸时冒出的气泡，按气泡上升的位置即可查到。此法普遍用于池塘养殖捕捞。

七、鳖枪

鳖枪（彩图12-4）是一种特殊的钓捕工具，由重锤、钓钩、钓线、滑轮及转盘等组成，一般在春末开始，中华鳖在池塘中觅食时，常浮至水面露出脑袋，遇有响动即迅速沉入水底并冒出一连串气泡。有经验的钓手，可据此准确地抛出串钩，待坠沉至水底后靠涮的方法，使钩绊住中华鳖的"裙边"和四肢。此法是钓中华鳖的专门技法。重锤重量要达100克，钓钩钩尖锋利，将4对钓钩放置在钓线上，钓竿长度约1.5米，转轮直径15厘米，钓线凭手指的压和松，在抛出时使线由摇轮经竿尖的滑轮，由坠的带动顺利滑出。钩的形状如放宽了和压扁了的"M"

形。钓中华鳖的关键是准确判断和寻找中华鳖在水底的位置，以适当的提前量，使串钩在水底因快速移动，让钩在运动中划过中华鳖身时将中华鳖带翻，以锋利的钓钩抛出挂捕。随着中华鳖四肢的划动和挣扎，两个向内微微折进的钩尖便深深掐紧中华鳖身。这种方法对经验丰富的枪手来说成功率很高，特别适合池塘或者湖泊的捕捉。

八、地笼

地笼（彩图12-5）属倒须型，定置延绳式笼壶类渔具，一般长10～15米，分15～20节，骨架为竹制或金属，笼身为聚乙烯网片。傍晚作业时，把地笼放入池塘离池边1米外，尾部系在竹竿上，每隔2～3小时要收捕一次，以防进入地笼的鳖窒息死亡。此方法适合需求量较小时采用，捕捞达规格的中华鳖上市或囤养。

九、灯光照捕

适用于产卵期间，雌鳖在夜晚安静时上岸掘坑产卵，此时它行动迟缓，用灯光照捕，很易捕获。

十、摸鳖

摸鳖首先要能判断鳖在水中的大体位置。一般当鳖遇到惊扰后，便迅速沉入水底，受惊之余使劲往泥里钻，呼出的气泡垂直冒出水面，呈略显混浊的小气泡和小水波。人可根据水底冒出气泡的位置潜水，用手和脚同时摸鳖。如果判断不准鳖的位置时，可在水中用双手掀起水波或用手掌打击水面，附近鳖闻声会相继逃跑，待其露出水之后，人再继续赶上，必能摸到。待摸到时，鳖在受惊后，会使劲钻入泥沙，可先用脚踩住鳖的前部，用手捉其甲的后缘，把鳖用力向泥沙中插一下，以防逃逸，当鳖不再往下钻时，将大拇指和食指呈钳状，牢牢卡住其后肢左右两腋下（所称阴阳扣），提出水面即可。操作熟练的人，当鳖刚出水面，头颈向外伸出时，用一只手顺手捉住其颈部，提出水面，鳖就很难逃跑了。一般鳖在水中只顾逃逸，不会主动咬人，而出水后就容易咬人了。一旦人被鳖咬住，不要惊慌，只要迅速把鳖放入水中，因鳖要逃跑便会即刻松口。如仍不松口，可将鳖放到桌面上，让其自由活动，或用棍捅它的鼻孔，鳖会马上松口。

十一、网捕

刺网俗称丝挂网，一般用聚乙烯单丝线编织而成，在鳖的摄食及繁殖旺季，鳖活动频繁，采用多道大网目刺网，傍晚前拦设于鳖的过往水域，鳖通过时被网衣裹缠，即可达到捕捞的目的，第二天收获，网捕捞时浮子和沉子不宜过大，保证网能顺利张开，底网要贴合池底。适用于池塘、河道、湖泊等不同水体，以春夏季效果为好。也可以采用拉网的形式捕捉，但网眼要大一点，收网要快，否则鳖会逃走或者钻走，或潜伏于池底泥土中，同时拉网捕捞人员多，较嘈杂，容易使鳖受惊，因此在生长季节不宜采用。

第二节

中华鳖的运输

随着中华鳖养殖业的兴起，其运输方法也愈来愈多，但中华鳖生性凶残，常互相争斗，运输途中往往造成严重外伤、感染细菌而引起大批死亡。因此在运输中华鳖前应先严格检查待运中华鳖，选取外形完整、神态活泼、喉颈转动灵活，背朝下腹朝上时能迅速翻过身的中华鳖，确保运输成活率。中华鳖运输前最好停食数日，以减少运输途中排泄。

一、鳖卵的运输

运输箱用1.5厘米厚的杉木板钉成长×宽×高为90厘米×45厘米×25厘米的木箱，上钉有可活动的盖板。同时选购与箱底尺寸相应的0.5～1厘米厚的海绵用于铺箱底。运输时选用粒径为0.3～0.5毫米的细沙。先将准备好的海绵浸入水中1～2分钟，拿起以不滴水为宜，铺于运输箱底，然后在海绵上铺上1.5～2厘米厚的细沙（沙以含水率7%为宜，运输路途远的可增加到10%），将选好的鳖卵整齐地排列于沙上（动物极朝上），箱壁四周应离鳖卵1.5～2厘米的距离以利防震和防挤压。排列一层后再放上0.5厘米的细沙继续排列，每层可排800～1000粒，每箱可排5000粒左右。最上一层鳖卵应离盖板3～4厘米，然后铺满沙，轻轻拍实封好箱盖即可运输。运输过程中应轻轻搬运，汽车运输时应尽量保持车体平稳（彩图12-6）。

二、稚幼鳖的运输方法

夏季早、晚运输，冬季白天运输。冬季保温，夏季遮阴。

1. 干运法

即运输时不带水，直接把幼鳖放入通风透气、盛有柔软且保水的填充物的容器中运输（彩图12-7）。

（1）运输工具　特制的薄型长方体木箱，箱体规格为45厘米×60厘米×20厘米，箱的四周及箱盖设有通气孔。常见的有孔薄型塑料盒、有孔塑料运输箱、藤箩、竹箩等，都可作为运输幼鳖的工具。运输箱内的填充物可用浮萍、水葫芦、切断的水花生及其他不易腐烂的水草。

（2）运输程序　首先将幼鳖用20毫克/升的高锰酸钾溶液浸泡消毒，然后放入用4毫克/升的漂白粉溶液浸透了的装有浮萍的容器中，视重量和厚度将数箱捆成捆，以防途中破散而逃鳖。在运输途中，要常淋清水，保持湿润和降温。鳖运到目的地后，如果运输箱内的温度高于池水温度，不能立即将鳖放入池中，而是先让鳖有一个慢慢适应池水温度的过程。可用池水喷洒鳖几次，或连同容器一起放入池中缓缓降温，待鳖适应后，再将其缓缓放入池中，以免鳖突然受温差应激而生病，甚至导致死亡。

2. 湿运法

即带水运输，是在运输容器内装清洁无毒的水，放入稚鳖、幼鳖运输。这种容器要保持口面通风透气，可用帆布桶、木桶、塑料桶、鱼篓等装运。容器内壁要求光滑、无毛刺，不致损伤鳖体。鳖体经高锰酸钾溶液浸泡消毒10分钟后放入盛水容器中，水面适当放些水草（如水葫芦）。这样做的好处是：水草在水中随车运行的晃动可增氧，还可以减少容器中的水溅出；水草有吸热降温作用，可使运输容器的水面温度降低，利于长途运输；水草覆盖于容器表面，可以给鳖营造安宁的环境。

三、亲鳖的运输方法

运输密度可随鳖的大小不同而灵活掌握。在气温高时，亲鳖活动力强、行动敏捷，容易发生相互撕咬的现象。因此，亲鳖最好用小布袋装运，每袋装1只。布袋要求透气性良好，装袋前进行清洗、高锰酸钾溶液浸泡消毒、再清洗等，可以减少受伤和提高成活率。夏季用20℃左右凉水冲洗以此降温，运输时鳖体下多垫水草，增加弹性。

在高温季节运输亲鳖，其体内可能有即将成熟或待产的卵，要严防挤压，以免造成鳖卵伤亡。同时要保持凉爽而潮湿的运输环境，途中常淋清水，夏季早、晚、夜间运输好，白天气温高，冬眠不宜运输。不要在烈日暴晒下运输。在高温季节运输少量的亲鳖，可以采用同运稚鳖、幼鳖一样的方法，用透气容器装运，在容器内放入浮萍或水葫芦，让鳖自行钻入，途中淋水保持湿润，效果更好。

当水温在15℃以下时，鳖体疲软，此时鳖一般不会撕咬。可以用有孔木箱或有孔泡沫箱装运，箱体高度以20厘米为宜。在秋末冬初，水温低于18℃时，亲鳖运到目的地后，最好先放入温棚的水池中暂养，继续育肥，然后徐徐降温，让其在亲鳖池中自然冬眠。如果是春末夏初运输，尽管水温低于18℃，亲鳖入池后不会冻死，但最好让它先进入温棚，使其提早进入繁育期，争取早产卵。

四、成鳖的运输方法

运输前3天停止喂食、体表淤泥冲干净。夏季早、晚运输；冬季白天运输。

1. 木箱运输法

木箱长、宽各50～70厘米，高15～30厘米，内部要水草、刨花等柔软之物，或用木板依鳖的大小隔成数区，各区置鳖一只，鳖体上部及下部均铺以水草等柔软物，使其无处活动，箱壁周围有许多通气孔，最后钉紧箱盖即可运输。

2. 筐（篓）运输法

大体同木箱运输。有条件的可先在筐或篓的内壁铺上一层麻袋片，这样可避免容器刺伤或划破鳖体，然后将筐（篓）牢牢绑紧即可外运。

3. 木桶运输法

需先在桶底铺5～10厘米厚的细沙，并装一定量的水，然后将鳖放入，桶口用透气且结实的布包严扎紧，运输途中定时换水，经60天的运输仍可成活。

4. 布袋运输法

先缝制同鳖体相同大小、透气性好的布袋，把整只装入布袋，待其头爪缩入甲内，然后扎紧袋口，再装入其他容器中运输即可。

五、运输中的注意事项

鳖的生命力很强，比鱼类运输容易，但也应注意以下几个方面，以提高其运输成活率。

1. 暂养

不能及时外运的鳖，可放入浅而小的暂养池中，也可将其装入铁笼内，铁笼不可在空中悬置，也不可全部浸入水中。前者易引起撕咬造成伤残，后者易窒息死亡。可将笼半浸入水中或放入有一定软泥的浅水中。外运前须逐个挑选，剔除病伤者。

2. 降低温度

注意运输季节，气温在 8～15℃时鳖呈半冬眠状态，呼吸次数少，活动力弱，运输成活率高。高温季节或寒冷季节必须要运输的，可采用冰块或其他人工降温措施，以提高运输成活率，还要做好防冻、防晒工作，保证运输安全。

3. 保持潮湿

保持鳖身体湿润，在运输过程中经常喷水，使运输器具及鳖体保持潮湿，满足鳖在脱离水体后的生态要求。

4. 清洁卫生

鳖在装箱之前要冲洗干净，长途运输前要停食。一般途中不能给饵，远距离运输前应停食数日，减少运输途中的排泄。途中应每隔数日对鳖体及运输器具冲洗一次，以清除排泄物对鳖运输环境的污染。

5. 防逃和互咬

途中应经常检查运输器的牢固程度，以防鳖逃逸和因隔离物丢失而引起的互咬，同时还要防止蚊虫叮咬。

6. 器具消毒

运输前将运输器具用高锰酸钾药液浸洗消毒，装鳖用的箱、篓等器具，内壁要求光滑，以免刺伤鳖体。

第十三章

鳖的营养与烹饪

- 第一节　鳖的营养价值
- 第二节　鳖的药用价值
- 第三节　鳖的烹饪方法
- 第四节　食用禁忌

人们喜爱食用鳖，因为它含有蛋白质、脂肪、钙、铁等多种营养成分，是不可多得的滋补品，鳖一年四季都可以吃，生态鳖春天时最瘦，因为刚从冬眠中醒来，消耗了大部分脂肪，秋天时生态鳖最肥，尤以500克左右的母鳖为佳。母鳖体厚尾巴短，裙厚，肉肥，味最美，公鳖则体薄尾巴长。人们有时感到比较疲劳，经常感冒，抵抗力下降，需要增强一下体质时，食用鳖进补是最好的。

第一节

鳖的营养价值

鳖肉具有鸡、鹿、牛、羊、猪5种肉的美味，故素有"美食五味肉"的美称。它不但味道鲜美、高蛋白质、低脂肪，而且是含有多种维生素和微量元素的滋补珍品，能够增强身体的抗病能力及调节人体的内分泌功能，也是提高母乳质量、增强婴儿免疫力及智力的滋补佳品。

鳖含有丰富的优质蛋白质、氨基酸、矿物质、微量元素及维生素A、维生素B_1、维生素B_2等，因鳖的种类和生活地区的不同，其营养成分不尽一致。鳖裙边含蛋白质为29%、鳖卵含蛋白质23%、鳖肉含蛋白质18%，而鳖肝含蛋白质最少，仅为8%。可见，鳖各部位的蛋白质含量趋势为：鳖裙边＞鳖卵＞鳖肉＞鳖肝。鳖脂肪各部位差异较大，如鳖肉的脂肪含量仅为3.4%，而鳖卵和肝的脂肪含量分别达18.2%和25.7%。就其脂肪酸组成而言，鳖油呈高度不饱和状态，其单不饱和脂肪酸与多不饱和脂肪酸的含量分别占总脂肪酸的45.7%和32.7%，其中DHA与EPA分别占脂肪酸总量的8.3%和7.0%，比一般鱼类高。另外，鳖内脏提取物中也含有相当丰富的不饱和脂肪酸

（29.9%），其中多不饱和脂肪酸含量17.6%。鳖含有丰富的*n*-3高不饱和脂肪酸，鳖中*n*-3高不饱和脂肪酸的含量可用来评价鳖的营养价值，因此鳖可作为开发富含高不饱和脂肪酸功能食品的新原料，具有较高的保健价值和营养价值（表13-1）。

表13-1　鳖的营养成分

营养成分	含量（每100克）	营养成分	含量（每100克）
碳水化合物/克	2.10	脂肪/克	4.30
蛋白质/克	17.80	纤维素/克	—
维生素A/微克	139.00	维生素C/毫克	—
维生素E/毫克	1.88	胡萝卜素/微克	
硫胺素/毫克	0.07	核黄素/毫克	0.14
烟酸/毫克	3.30	胆固醇/毫克	101.00
镁/毫克	15.00	钙/毫克	70.00
铁/毫克	2.80	锌/毫克	2.31
铜/毫克	0.12	锰/毫克	0.05
钾/毫克	196.00	磷/毫克	114.00
钠/毫克	96.90	硒/微克	15.19

　　鳖能够增强身体的抗病能力及调节人体的内分泌功能，也是提高母乳质量、增强婴儿的免疫力及智力的滋补佳品。龟板胶是大分子胶原蛋白质，含有皮肤所需要的各种氨基酸，有养颜护肤、美容健身之功效，多吃鳖可以壮阳，补充男性精力。

第二节

鳖的药用价值

　　鳖肉性平、味甘；归肝经。具有滋阴凉血、补益调中、补肾健骨、散结消痞等作用，可防治身虚体弱、肝脾肿大、肺结核等症。鳖浑身都是宝，鳖的头、甲、骨、肉、卵、胆、脂肪均可入药。鳖的背甲称鳖甲，是颇有名的中药材，具有滋阴潜阳、软坚散结的功能。用于热病伤阴、虚风内动、闭经、肝脾肿大、胁肋胀痛等证，也是中医肿瘤科的常用药物。现代医学研究证实，鳖甲可以提高细胞免疫功能，抑制肿瘤，对实验动物具有提高体力，耐疲劳、耐缺氧、耐寒冷的作用。有鳖甲参与的中药方（如鳖甲丸、鳖甲煎丸、黄芪鳖甲汤等）皆为中医治疗肿瘤常用的方剂。鳖血含有动物胶、角蛋白、碘和维生素D等成分，可滋补潜阳、补血、消肿、平肝火，能治疗肝硬化和肝脾肿大，治疗闭经、经漏和小儿癫痫等症。鳖胆可治痔漏。鳖卵可治久痢。鳖头焙干研末，黄酒冲服，可治脱肛。鳖的脂肪可滋阴养阳，治疗白发。鳖肉及其提取物能有效地预防和抑制肝癌、胃癌、急性淋巴性白血病，并用于防治因放疗、化疗引起的虚弱、贫血、白细胞减少等症。现代医学研究表明，鳖肉中含有一种抵抗人体血管衰老的重要物质，常食可以降低血胆固醇，对高血压、冠心病患者有益。吃适量鳖有利于产妇身体恢复及提高母乳质量。日本科学家实验还证实，鳖有一定的抗癌作用和提高机体免疫的功能。现代科学认为，鳖能提高人体免疫功能，促进新陈代谢，增强人体的抗病能力，有养颜美容和延缓衰老的作用。

　　鳖的食疗方法如下。

（1）滋阴益气方　用于肿瘤、结核等慢性疾患所致或放化疗引起的气阴两虚、肝肾不足，表现为气短乏力、腰膝疲软、手足心热、白细胞下降等。鳖一只约500克，去头及内脏，切块，枸杞子、沙苑子各50克洗净，纱布包好，共煮至鳖肉烂，去中药加调料，吃肉喝汤。

（2）补血养阴方　用于慢性病贫血、免疫功能下降、口干咽燥、消瘦乏力等。鳖一只约500克，党参50克与鳖共煮至肉烂，去中药加调料，吃肉喝汤。

（3）养阴止汗方　用于阴虚内热、盗汗、五心烦热。浮小麦100克，生黄芪50克，泡6小时后纱布包严，鳖1只去头及内脏，切块后与中药共煮至肉烂，去中药加盐及味精，吃肉喝汤。调料中不用花椒、辣椒、大料、桂皮等辛温发散之品。

（4）凉血止血方　用于血热妄行、血色鲜红、咯血及消化道出血等。鲜藕约500克切片煮水，纱布袋装仙鹤草、白茅根各100克与鲜藕共煮约半小时捞出，加入鳖1只，文火慢煮，至肉烂，加盐适量，吃肉喝汤。

（5）治骨蒸劳热　鳖1只，去内脏，地骨皮15克，生地15克，丹皮15克，炖汤服，每日1次。连服7天为1个疗程。

（6）治肝癌低烧、乏力消瘦　鳖甲50克，鸽1只。将鳖甲洗净，捣碎放入洗净的鸽腹内，放瓦锅或大碗内，隔水炖至肉熟透，加盐、味精等调味料，即可服食。

（7）治子宫癌阴虚火旺、低烧　鳖1只（500克左右），白莲子75克，猪瘦肉200克，鸡蛋1个，香菇10克，米酒10克，姜、葱、淀粉、食盐、酱油各适量。将鳖宰杀（在颈下开刀，但不割断头），入开水内泡洗干净，取下甲壳，取出内脏，洗净待用。猪肉剁碎，香菇切丁，加上蛋液、葱姜末、淀粉、米酒、盐、酱油、味精等调料，拌匀后放入鳖腹内，将八成熟的莲子摆在肉馅上面，在鳖周围也摆上两圈莲子，上笼蒸1小时，出笼勾芡后即可食用。

（8）治腰膝酸软、遗精、阳痿　鳖肉100克，冬虫草10克，红枣20克，米酒30克，盐6克，葱节6克，姜片6克，大蒜头4瓣和鸡清汤1000克，同蒸炖熟，用味精调味食用。

（9）治羊痫风　鳖1只，煮熟去壳，用油盐炖烂，连汤带肉1次食完。在羊痫风未发作前服食，每日1次，连服7天。

（10）治慢性肾炎　鳖1只，大蒜头60克，白糖、米酒、水适量，炖熟食用。

（11）治癌症放化疗体质虚弱　鳖1只（约500克），灵芝粉15克，枸杞子20克，生姜适量。将鳖放入沸水中烫死，剁去头、爪，揭去甲壳，除去内脏，将肉切成小块，与灵芝粉、枸杞子、生姜，一起放入大砂锅中，加水适量。大火烧开，转小火炖至鳖肉烂熟即可食用。有滋阴清热、解毒抗癌之功效。

（12）治癌症术后或放化疗体虚　将鳖1只用刀沿壳切断颈骨，再将头颈处割开，抽去气管，腹剖开，去内脏，斩去脚爪，放入沸水锅中烫一下，取出刮去背壳黑膜，剁成4块；将猴头菇30克水浸15分钟，沥干，切成薄片。再将鳖块、猴头菇放入砂锅，再加葱节1个，生姜丝10克，米酒60克，笋片30克，火腿片30克，加清水浸没鳖，放旺火炖开，转文火焖2小时，至烂后去姜、葱，加盐、味精调味即可食用。有填精补肾、扶正抗癌之功效。

第三节

鳖的烹饪方法

一、选购鳖的方法

凡外形完整，无伤无病，肌肉肥厚，腹甲有光泽，背胛肋骨模糊，裙厚而上翘，四腿粗而有劲，动作敏捷的为优等鳖；反之，为劣等鳖。用手抓住鳖的后腿腋窝处，如活动迅速、四脚乱蹬、凶猛有力的为优等鳖；如活动不灵活、四脚微动甚至不动的为劣等鳖。检查鳖颈部有无钩、针。有钩、针的鳖，不能久养和长途运输。检查有无钩、针的方法：可用一硬竹筷刺激鳖头部，让它咬住，再一手拉筷子，以拉长它的颈部，另一手在颈部细摸。把鳖仰翻过来平放在地，如其能很快翻转过来，且逃跑迅速、行动灵活的为优等鳖；如翻转缓慢、行动迟钝的为劣等鳖。

二、烹饪方法

1. 冰糖鳖（彩图13-1）

（1）制作材料　主料：鳖750克。调料：酱油30克、小葱10克、冰糖30克、姜5克、猪油（炼制）40克、黄酒25克、花生油35克、盐2克。

（2）制作过程　鳖仰放，待头伸出，迅速用手指掐住其颈，用力拉出，用力齐背壳延颈骨，排尽血后入90℃热水中浸泡；当鳖壳上泛起白衣时捞出，在冷水中清除腹部、腿上和裙边的白膜，用洗帚刷掉背壳黑衣；再开肚去内脏和黄油，斩去头尾、爪尖，然后均匀地斩成8块；将鳖块放入锅中焯水，捞出用清水洗净；炒锅烧热，用油滑锅，加入花生油，烧至八成热，放入葱节、姜片爆香，推入鳖块（肚朝下），烹入黄酒加盖稍焖；再加入清水750毫升，烧开3分钟后，改用小火盖焖25分钟左右；待鱼块柔软无弹性时，加入酱油、精盐、冰糖、熟猪油，再加盖焖20分钟左右；焖至鱼肉和裙边软糯，随即改用旺火收汁，一面晃锅一面舀起卤汁浇在鱼块上；待卤汁稠黏浓厚时，淋入熟猪油，再用中火并晃锅使混合，至卤汁呈胶状，淋入熟猪油，晃锅即成。

（3）工艺提示　大火烧开，小火焖熟，再加盐、酱油、糖烧入味，改旺火收汁，中火溶茭，火功到家，入口甜，收味咸，风味别具一格。

2. 荷香鳖

（1）制作材料　主料：鳖500克。辅料：枸杞子30克，枣（干）30克，荷叶50克。调料：大葱10克，酱油10克，胡椒粉3克，猪油（炼制）20克。

（2）制作方法　鳖宰杀洗净后，漂去血水，砍成小块；红枣、枸杞洗净；荷叶洗净平铺于蒸笼内；将鳖块、红枣、枸杞、酱油、胡椒粉拌匀，盛于荷叶上，入笼蒸12分钟取出，撒上葱花；另锅置火上，加入猪油烧至五成热，热油浇鳖块上即可。

（3）制作要诀　鳖要漂净血水；调味要适中，不可压过鳖本味。

3. 砂锅炖鳖

（1）制作材料　鳖1000克、母鸡1000克、火腿25克、冬笋25克、油菜心25克、姜10克、黄酒10克、味精3克、盐5克、白胡椒粉2克、小葱10克。

（2）制作过程　将鳖放案板上，背朝下，使其头伸出，用筷子引其咬住，然后右手执刀，剁下头颈，放净血；母鸡宰杀洗净，剁4大块；熟火腿切成一字片；冬笋削去皮，洗净，切成一字片；油菜心择洗干净，切成一字片；葱、姜洗净，拍松；取勺添水放火上烧开，将鳖投入水中氽烫；鳖捞出后刮去裙边的黑皮和腹部的黏膜层；再用刀沿裙边和甲壳的连接处，揭开背壳，取出内脏，斩去爪尖，用清水洗净；鸡块、鳖肉分别用开水烫一下，除去血污，撇去浮沫，捞出，洗净；冬笋用开水烫一下，撇去浮沫，捞出，洗净；取一只大砂锅，将鸡块垫底，整只的鳖腹部朝上放在上面，加满鲜汤，倒入黄酒，葱、姜各放1块；然后将砂锅用中火烧开，移小火慢炖约2小时至软烂时拣出葱、姜，加精盐、味精和白胡椒粉；再将火腿、冬笋、油菜交错摆在鳖上。

4. 红烧鳖

（1）制作材料　鳖1只（600克左右）、五花肉一块、油、生姜、大蒜头、生抽、老抽、葱、水、冰糖、鸡精。

（2）制作过程　处理鳖，洗净，切大块。起油锅，先把姜放入油中煎至发黄，放入切好的五花肉。五花肉煸至出油加料酒，加盖。加生抽、老抽，加盖。肉中加冰糖，水煮。另起油锅，油热放姜片、大蒜，放鳖。鳖煸炒片刻放料酒。放生抽、老抽，加盖片刻。把鳖移入放五花肉的锅中。放少许水，加冰糖、葱节。大火烧开后转小火焖20分钟，加少许鸡精即可。

5. 鳖焖鸡

（1）制作材料　野生鳖1只（重约600克），清远老鸡1只（净重约500克），大水律蛇（人工饲养）1千克。调料：鸡精30克，精盐15克，味精10克，炸大蒜粒30克，高汤1千克，葱段、姜片各5克，色拉油150克。

（2）制作过程　将鳖头部切下，入沸水中大火汆2分钟，捞出控水；鳖开膛，取出内脏，剥离鳖壳后将鳖肉切成重约10克的块。鳖肉、鳖壳入沸水中加葱段、姜片大火汆3分钟，捞出控水；锅内放入色拉油50克，烧至六成热时放入鳖肉小火煎2分钟至八成熟，起锅待用。去掉水律蛇的头部，将蛇身放入热开水中大火汆5分钟，捞出去鳞，将蛇身开膛，去掉内脏，蛇身切长4厘米的段；锅内放入色拉油50克，烧至六成热时放蛇身段，小火煎2分钟至八成熟，起锅待用。清远老鸡洗净，去掉内脏，切重约15克的小块；锅内放入色拉油50克，烧至七成热时放入鸡块小火炒3分钟至出香，取出备用。将煎好的鳖、水律蛇、鸡块放入砂锅中，加鸡精、精盐、味精、炸大蒜粒、高汤小火焖30分钟至熟即可。

6. 清蒸鳖

（1）制作材料　主料：鳖1000克。辅料：干火腿50克，干香菇10克，肥膘肉50克，葱8段，姜10片，蒜10瓣，香油、料酒、白胡椒少许，胡椒1.5汤匙，鸡油适量。

（2）制作过程　将鳖剖净，用沸水烫过，取下壳，剁成2.5厘米见方的块，洗净，滤干水分，放料酒、盐腌渍10分钟，滤去盐水，取蒸盅，先放入盖壳，再放入鳖。将熟火腿切成2.5厘米长、1.6厘米宽的薄片。香菇洗净去蒂切小片，蒜头去皮，肥膘肉切成3条，白胡椒拍碎，葱打结，加姜、盐放入蒸盅内，下料酒、香油。将放好料的蒸盅蒸烂，取出葱、姜、肥肉，将鳖倒入碗内，用筷子将头、尾、四脚摆好，盖上鳖壳，让部分头、尾、脚露出一小部分在汤上，淋上鸡油即可。

7. 浓汤鳖

（1）制作材料　洞庭野生鳖1500克，五花肉50克。调料：枸杞5克，党参3克，浓汤2千克，盐3克，味精2克，鸡粉2克，猪油50克，姜片5克，白酒10克。

（2）制作过程　将鳖宰杀洗净，砍成大段，党参、枸杞用温水泡发2分钟，五花肉切成3厘米长、2厘米宽、0.3厘米厚的片。将鳖过水去血沫，入沸水锅中焯水2分钟。锅上火，下猪油，五成热时，将五花肉片入锅中煸炒出油，放入姜片，入鳖煸炒，烹入白酒，再放入浓汤，调入盐、味精、鸡粉，大火烧开后倒入砂煲中，并放入党参，煲至鳖软烂即可。将煲好的鳖倒入锅中，二次调味，收汁至汤浓郁鲜香时出锅，盛入砂煲中，放上枸杞带火上桌即可。

8. 八宝糯米鳖

（1）制作材料　活鳖一只（重约750克）、糯米50克、鲜笋30克、熟火腿25克、水发冬菇15克、薏仁15克、芡实15克、黄蛋糕20克、青豆15克、虾子5克。葱25克、姜15克、绍酒40克、桂皮3克、八角3克、盐10克、酱油25克、白糖10克、熟猪油35克、蒜15克、淀粉25克、芝麻油25克、白胡椒粉2克。

（2）制作过程 将鳖宰杀，先用90℃的热水浸烫，去净表层黏液，再入锅中烧煮，捞出刮去裙边上的黑衣，拆除鳖骨头。锅置旺火上放熟猪油，投入葱姜炸香捞出，倒入鳖肉，加绍酒、桂皮、八角和清水，烧沸后加精盐、酱油、白糖，煮至肉烂，拣去香料。将糯米、薏仁、芡实淘洗干净，分别上笼蒸熟，把笋、火腿、蛋糕等切成丁。取碗一个，将鳖裙边围在四周，余肉切成丁，与糯米、火腿等配料一起加入熟猪油、虾子、白糖和部分原汤，拌匀后装入碗内。上笼蒸熟，取出扣入盘中；锅置火上放油，将大蒜瓣下油锅焐熟，捞出，锅中留底油，放入原汤烧沸，勾芡，淋入芝麻油，浇在鳖肉上面，撒上白胡椒粉，四周衬蒜瓣即成。

9. 生炒鳖（彩图13-2）

（1）制作材料 主料：鳖1只。辅料：葱、姜、蒜、料酒、胡椒粉、盐、生粉。

（2）制作过程 鳖用80℃左右的水烫一下，剥去皮。用清水反复浸泡，冲去血水，再用料酒和胡椒粉腌一下。姜、蒜切片，葱白、葱绿分别切段。坐锅热油，放姜、蒜、葱白炝锅。出香味时放鳖炒，炒至鳖变色，放料酒，加少许水，大火烧开后转小火。五六分钟后，转大火，加盐，放葱绿，生粉勾芡出锅。

10. 枸杞炖鳖

（1）制作材料 主料：鳖500克。辅料：枸杞子25克，大葱5克，姜4克，料酒3克，盐3克。

（2）制作过程 将鳖宰杀，去内脏，洗净切块，用沸水烫一下，捞出备用；大葱洗净切段；姜切片备用。将鳖、枸杞子装入砂锅，加入葱、姜及适量清水，用文火炖15分钟，去掉葱、姜，加入料酒、盐，再用微火炖至熟烂即可。

11. 坛子脱骨鳖

（1）制作材料　野生鳖1250克，蒜头300克，猪油、豉油鸡汁、沙姜粉、姜片、干椒、大料各适量。

（2）制作过程　野生鳖宰杀洗净，用姜、葱水煮至能去骨时捞出，脱骨备用。锅上火，下猪油烧热，放入独蒜仔、姜片、干椒、大料煸香，下鳖肉，加入高汤、豉油鸡汁调味，烧至鳖软糯即成。这种做法异于传统做法，将鳖脱骨，结合使用南方特有的调料，使成品菜风味独特。

12. 鳖羊肉汤

（1）制作材料　鳖1000克，苹果50克，羊肉500克。调料：生姜、味精各5克，食盐6克，胡椒0.5克。

（2）制作过程　鳖放入沸水锅中烫死，剁去头爪，揭去鳖甲，掏出内脏洗净。将羊肉洗净切成2厘米见方的小块，用开水焯一下，捞出洗干净备用。将鳖肉也切成2厘米见方的小块，和羊肉一起放入锅内，加苹果、生姜及水适量，置大火上烧开，移至小火炖至熟烂。加入食盐、胡椒粉调味即成。从药性而言，鳖偏凉，羊肉偏温，两者相结合则药性较为平和，具有滋阴养阳、补气养血等穴位保健功效，对气血阴阳均有功效。

第四节

食用禁忌

　　鳖，其味鲜美，营养价值高，含丰富优质动物性蛋白质，其壳为名贵中药材，一般人群均可食用，但又非人人皆宜。中医认为，鳖的主要功能是滋阴养血，还有软坚散结的作用，最适合于阴虚内热的人食用。腹满厌食、大便溏泄、脾胃虚寒者不宜吃鳖；有水肿、胸腔腹腔积液、高脂蛋白症者不宜食用；久病体虚、阴虚怕冷、消化不良、食欲不振者不宜食用；凡脾虚、湿重、孕期及产后泄泻的人不宜食用，因吃后易引起胃肠不适等症状。肝炎患者由于胃黏膜水肿，小肠绒毛变粗变短，胆汁分泌失调等因素，消化吸收功能大大减弱。而鳖含有很丰富的蛋白质，病人食后不仅难以吸收，反而会加重肝脏负担，严重时肝细胞还会大量坏死，血清胆红素剧增，血浆浓度升高，诱发肝昏迷。肠胃功能虚弱、消化不良的人不宜食用。患有肠胃炎、胃溃疡、胆囊炎等消化系统疾病患者不宜食用。还有人吃了鳖后发生过敏反应，皮肤出现风疹块的瘙痒症状，并使胃肠道平滑肌痉挛而出现腹痛、腹泻等。

　　此外，食用鳖时要注意，死甲、变质的鳖不能吃；煎煮过的鳖甲没有药用价值。生鳖血和胆汁配酒会使饮用者中毒或罹患严重贫血症。

[1] 周婷，王伟. 中国龟鳖养殖原色图谱［M］. 北京：中国农业出版社，2009.

[2] 顾博贤. 中国甲鱼经［M］. 北京：中国文联出版社，2012.

[3] 陈兴乾，陈钦培. 龟鳖养生本草［M］. 哈尔滨：哈尔滨出版社，2010.

[4] 周婷，李丕鹏. 中国龟鳖分类原色图鉴［M］. 北京：中国农业出版社，2013.

[5] 徐海圣. 中华鳖高效健康养殖技术［M］. 浙江：浙江大学出版社，2013.

[6] 蒋业林，李翔，刘大红，等. 甲鱼健康养殖新技术［M］. 北京：金盾出版社，2014.

[7] 周嗣泉，曹振杰，敬中华，等. 龟鳖营养需求与饲料配制技术［M］. 北京：化学工业出版社，2016.

[8] 沈文平，王家军，张日喜，等. 中华鳖养殖一月通［M］. 北京：中国农业大学出版社，2011.

[9] 朱道玉，吴红松. 中华鳖精巢发育的组织学观察［J］. 安徽农业科学，2009，37（22）：10522-10524，10677.

[10] 曾丹，王晓清. 中华鳖遗传育种研究现状及进展［J］. 湖南师范大学自然科学学报，2017，4（40）：40-44.

[11] 朱徐燕，任国华，周波，等. 莲藕–甲鱼套养的关键技术［J］. 浙江农业科学，2017，3：482-483.

[12] 俞朝. 双季茭白套养中华鳖新型生态高效栽培技术［J］. 长江蔬菜，2015，22：126-128.

[13] 刘筠，刘楚吾，陈淑群，等. 鳖性腺发育的研究［J］. 水生生物学集刊，1983，8（2）：145-152.